中国水文年报

2022

中华人民共和国水利部 编

中国水利水电出版社
www.waterpub.com.cn

·北京·

图书在版编目（CIP）数据

中国水文年报. 2022 / 中华人民共和国水利部编
. —— 北京 : 中国水利水电出版社，2023.7
ISBN 978-7-5226-1652-0

Ⅰ. ①中… Ⅱ. ①中… Ⅲ. ①工程水文学－水文观测
－中国－2022－年报 Ⅳ. ①TV12-54

中国国家版本馆CIP数据核字(2023)第134086号

审 图 号：GS京（2023）1460 号

责任编辑：宋　晓

书　　名	中国水文年报 2022 ZHONGGUO SHUIWEN NIANBAO 2022
作　　者	中华人民共和国水利部　编
出版发行	中国水利水电出版社 （北京市海淀区玉渊潭南路 1 号 D 座　100038） 网址：www.waterpub.com.cn E - mail：sales@mwr.gov.cn 电话：（010）68545888（营销中心）
经　　售	北京科水图书销售有限公司 电话：（010）68545874、63202643 全国各地新华书店和相关出版物销售网点
排　　版	中国水利水电出版社微机排版中心
印　　刷	河北鑫彩博图印刷有限公司
规　　格	210mm×285mm　16 开本　8 印张　180 千字
版　　次	2023 年 7 月第 1 版　2023 年 7 月第 1 次印刷
印　　数	0001—1000 册
定　　价	98.00 元

编 制 说 明

《中国水文年报 2022》（以下简称《水文年报》）依据 2022 年全国水文部门的水文监测数据和有关部委的气象、地下水等监测数据，选取较完整的长系列整编资料进行统计分析，编制发布社会公众关注的我国年度水文情势以及重大暴雨洪水和干旱等事件，包括降水、蒸发、径流、泥沙、地下水、冰凌等水文要素和暴雨洪水、干旱、水库蓄水量等年度综合信息及时空变化特征，为经济社会和水利高质量发展提供基础性资料，也为流域综合治理、水旱灾害防御、水资源管理、涉水工程建设运行及水生态修复等提供科学依据。

《水文年报》发布的水文信息不包含香港特别行政区、澳门特别行政区和台湾省的水文信息。

1. 全国水文站网基本概况

截至 2022 年底，按照独立站统计，全国水文部门共有各类水文测站 121731 处。按照观测项目统计，全国水文部门共有流量站 9032 处，水位站 24672 处，泥沙站 1695 处，降水量站 69267 处，蒸发站 1702 处，冰情站 1204 处，地下水站 26628 处，地表水水质站 11082 处，水生态站 872 处，墒情站 6019 处。向县级以上水行政主管部门报送信息的各类水文测站有 77837 处，可发布预报站 2630 处，可发布预警站 2233 处。

2. 资料选用

《水文年报》中降水、蒸发、径流、泥沙等要素分析计算采用雨量站、蒸发站、水文站等的监测和整编数据。年降水量等值线图、距平图和全国年降水量采用全国约 18000 个雨量站监测数据分析绘制，代表站降水量选取分布均匀、系列较长且具备区域代表性的 676 个基本雨量站监测数据分析计算。年蒸发量等值线和全国年蒸发量采用全国约 1300 个蒸发站监测数据分析绘制（统一换算到标准的 E601 型蒸发器），代表站蒸发量选取分布均匀、系列较长且具备区域代表性的 126 个蒸发站监测数据分析计算，比 2021 年新增了 47 个蒸发站。全国年径流量采用全国近 3000 处国家基本水文站的监测资料，通过水文分析计算方法获取；代表站实测径流量采用全国流域面积 3000km² 及以上主要江河控制站和长江、黄河等大江大河上中下游代表站共 409 个的实测整编资料分析计算，代表站天然径流量分析则以其中 252 处水文站的天然径流量为依据。泥沙状况选择长江、黄河、青海湖区等主要江河湖 85 个水文站实测输沙量数据分析计算。地下水水位变化采用覆盖全国主要平原区、盆地和喀斯特山区的 19191 个（其中水利部 10053 个、自然资源部 9138 个）地下水站（监测面积约 350 万 km²）的监测数据进行分析，比 2021 年增加 438 个地下水站（其中水利部 74 个、自然资源部 364 个）。生态流量保障情况依据水利部印发的四批次重点河湖生态流量保障目标相关文件，采用全国纳入保障目标满足程度分析的 234 个生态流量控制断面监测数据进行分析，比 2021 年增加了 87 个断面，其中松花江区增加 5 个断面，海河区增加 2 个断面，黄河区增加 8 个断面，淮河区增加 11 个断面，长江区增加 54 个断面，珠江区增加 6 个断面，西北诸河区增加 1 个断面。生态补水以华北地区河湖生态补水的 48 条（个）河湖为监测对象分析评价，比 2021 年新增了 26 条（个）河湖。湖库蓄水状况分析对象为参与统计的大中型水库和常年水面面积大于 100km² 且有监测资料的湖泊，包括大型水库 753 座、中型水库 3896 座和湖泊 76 个。

3. 有关说明

（1）《水文年报》中涉及的多年平均值，除泥沙采用 1950—2020 年或建站至 2020 年系列及特殊说明外，均统一采用建站至 2020 年水文系列平均值。

（2）一级流域（区域）：一级流域由一条独流入海的河流水系集水区域组成；一级区域是由多条独流入海河流或由多条流入沙漠、内陆湖的河流的集水区域组成。《水文年报》中将其统一简称为一级区，全国包括松花江区、辽河区、海河区、黄河区、淮河区、长江区（含太湖流域，下同）、东南诸河区、珠江区、西南诸河区和西北诸河区共 10 个一级区。

（3）北方区：包括松花江区、辽河区、海河区、黄河区、淮河区、西北诸河区等 6 个一级区。

（4）南方区：包括长江区、东南诸河区、珠江区、西南诸河区等 4 个一级区。

（5）生态流量：为维持河湖生态系统的结构和功能，需要在河湖内保留或维持符合一定水质要求的流量（水量、水位）及其过程。

（6）保证水位（流量）：能保证防洪工程或防护区安全运行的最高洪水位（m）（最大流量，m³/s）。

（7）警戒水位（流量）：可能造成防洪工程出现险情的河流和其他水体的水位（m）（流量，m³/s）。

（8）编号洪水：依据水利部《全国主要江河洪水编号规定》，全国大江大河大湖以及跨省独流入海的主要江河发生的洪水，在水文代表站达到防洪警戒水位（流量）、2～5 年一遇洪水量级或影响当地防洪安全的水位（流量）时，确定为编号洪水。

（9）重现期：为系列年数与排位的比值，计算公式为

$$N = \frac{1}{P} = \frac{n+1}{m}$$

式中　　P——频率；

　　　　n——系列年数；

　　　　m——由大到小排列的序位。

（10）实测径流量：实际观测到的一定时段内通过河流某一断面的水量（m³）。

（11）天然径流量：实测河川径流量经还原后的水量，一般指实测径流量加上实测断面以上的耗水量和蓄水变量（m³）。

（12）径流深：指河流、湖泊、冰川等地表水体逐年更新的动态水量与相应集水面积的比值，即当地河川径流量与相应集水面积的比值（mm）。

（13）含沙量：单位体积浑水中所含干沙的质量（kg/m³）。

（14）输沙量：一定时段内通过河流某一断面的泥沙质量（t）。《水文年报》中的输沙量是指悬移质部分，不包括推移质部分。

（15）输沙模数：一定时段内总输沙量与相应集水面积的比值 [t/(a·km²)]。

（16）中数粒径：泥沙颗粒组成中的代表性粒径（mm），小于等于该粒径的泥沙占总质量的50％。

（17）年降水量距平：当年降水量与多年平均降水量的差与多年平均降水量的比值（％）。

（18）蒸发量：《水文年报》中蒸发量指水面蒸发能力。我国水文部门普遍采用 E601 型蒸发器进行水面蒸发观测，其观测值可近似代替大水体的蒸发量（mm）。

（19）全国面积：《水文年报》中水文要素分析计算涉及的国土面积（km²）。

（20）水文代表站：具有代表性和控制性的水文站。对于支流，水文控制站一般选用支流的把口站。对于干流，水文代表站一般选用能够代表不同河段水文特征的水文站。

（21）地下水类型定义：孔隙水，主要赋存在松散沉积物颗粒间孔隙中的地下水，划分为浅层地下水和深层地下水。浅层地下水，与当地大气降水或地表水体有直接补排关系的地下水，包括潜水及与潜水具有较密切水力联系的承压水，是容易更新的地下水，一般埋藏较浅；深层地下水，与大气降水和地表水体没有密切水力联系，无法补给或者补给非常缓慢的地下水，是难以更新的地下水。裂隙水，存在于岩层裂隙中的地下水。岩溶水，赋存于岩溶化岩体中的地下水的总称。

（22）地下水重点区域：依据2023年水利部会同国家发展改革委、财政部、自然资源部、农业农村部组织编制的《"十四五"重点区域地下水超采综合治理方案》，选择地下水开采量大且存在超采问题的集中连片地区，作为治理范围。包括三江平原、松嫩平原、辽河平原及辽西北地区、西辽河流域、黄淮地区、鄂尔多斯台地、汾渭谷地、河西走廊、天山南北麓及吐哈盆地、北部湾等10片区，共涉及13个省级行政区，72个地市，289个县区。京津冀地区按照《华北地区地下水超采综合治理行动方案》确定的治理目标、重点举措和保障措施，开展地下水超采治理。重点区域仅对涉及地市进行分析，故部分重点区域的名称后增加"（重点）"字样予以区别。

（23）地下水水位（埋深）采用12月平均水位（埋深）值。地下水水位变幅大于0.5m的区域（站点）划分为水位上升区（点）、大于等于0m且小于等于0.5m的区域（站点）划分为水位弱上升区（点）、大于等于−0.5m且小于0m的区域（站点）划分为水位弱下降区（点）、小于−0.5m的区域（站点）划分为水位下降区（点）。浅层地下水埋深空间分布采用克里金插值法计算。

（24）生态流量目标保障达标程度采用频次法进行评价，计算公式为

$$CR = \frac{A}{B} \times 100\%$$

式中　　CR——河湖生态流量（水位）目标保障达标程度，%；

　　　　A——评价时段内大于等于生态流量保障目标的实测径流监测样本数；

　　　　B——评价时段内参与生态流量保障目标达标情况评价的实测径流监测样本总数。

（25）冰凌分析时段为一个完整的封河开河周期。《水文年报》中的分析时段为2022年封河到2023年开河。

目　录

雅鲁藏布江大拐弯（金君良 摄）

综 述

水文是经济社会和水利建设与发展的重要基础，水文信息反映了自然界中水的时空分布和变化规律。多年以来，水文为国民经济建设和社会发展以及水旱灾害防御、水资源管理、流域及河湖治理、水环境保护、水生态修复、涉水工程建设运行等提供了科学依据。

2022 年全国平均降水量为 631.5mm，径流深为 274.7mm，平均年蒸发量为 1011.1mm，大中型水库年末蓄水总量为 4180.7 亿 m³。全国不同地区水文情势差异显著，松花江、辽河、珠江和黄河中下游来水偏丰，27 条河流发生有实测资料以来最大洪水；长江、淮河来水偏枯，特别是长江流域出现了 1961 年有完整实测资料以来最严重长时间气象水文干旱。

一、全国降水、蒸发、径流和湖库蓄水概况

2022 年，全国降水量、蒸发量和径流深（径流量）比多年平均值偏少。全国年降水量为 631.5mm，比 2021 年减少 8.7%，比多年平均值偏少 2.0%；全国平均年蒸发量为 1011.1mm，比多年平均值偏少 8.5%；全国地表径流量为 25984.4 亿 m³，折合年径流深为 274.7mm，比 2021 年减少 8.2%，比多年平均值偏少 2.2%。全国统计的 753 座大型水库和 3896 座中型水库年末蓄水总量为 4180.7 亿 m³，比年初蓄水总量减少 406.2 亿 m³。全国常年水面面积 100km² 及以上且有水文监测的 76 个湖泊年末蓄水总量为 1449.9 亿 m³，比年初蓄水总量减少 18.1 亿 m³。

二、全国地下水水位变化概况

2022 年 12 月与 2021 年同期相比，全国 46.9％的监测站水位呈弱上升或上升态势，43.9％的浅层地下水、57.9％的深层地下水、48.7％的裂隙水和 42.6％的岩溶水监测站呈弱上升或上升态势。东南诸河区、珠江区、海河区、辽河区 4 个一级区超半数以上地下水站水位呈弱上升或上升态势。在开展浅层地下水监测的 29 个主要平原及盆地中，忻定盆地、雷州半岛平原等 15 个呈弱上升或上升态势；在开展深层地下水监测的 25 个主要平原及盆地中，海河平原等 15 个呈弱上升或上升态势。重点区域中，华北地区、北部湾地区、辽河平原（重点）、汾渭谷地浅层地下水呈弱上升态势，北部湾地区、华北地区等 6 个区域深层地下水呈弱上升或上升态势。在 29 个开展浅层地下水监测的省份中，12 个省份超半数以上地下水站水位呈弱上升或上升态势；在 21 个开展深层地下水监测的省份中，13 个省份超半数以上地下水站水位呈弱上升或上升态势。

三、全国泥沙和水生态概况

2022 年，全国主要河流总输沙量比多年平均值偏少。全国主要河流总输沙量为 3.90 亿 t，比 2021 年增加 17.8％，与近 10 年基本持平，比多年平均值偏少 73.1％。

2022 年，在全国 234 个生态流量保障目标控制断面中，有 156 个断面满足程度达到 100％，有 50 个断面的满足程度小于 100％大于 90％，有 28 个断面的满足程度小于 90％。2022 年，华北地区通过河湖生态补水，京杭大运河实现百年来首次全线水流贯通，与永定河实现百年交汇；蓟运河水系、潮白河水系、永定河水系、大清河白洋淀水系、子牙河水系、漳卫河水系等主要水系 40 余条长期断流河流先后实现全线水流贯通；永定河 26 年来首次全线贯通入海，潮白河 22 年来首次全线通水，白洋淀生态水位（6.5～7.0m）保证率达到 100％。

四、全国暴雨洪水及干旱情况

2022 年，干旱总体偏重，区域性和阶段性干旱明显。全年相继发生珠江流域冬春连旱、黄淮海和西北地区春夏旱、长江流域夏秋连旱。其中，长江流域出现了 1961 年有完整实测资料以来最严重长时间气象水文干旱。2022 年，全国南北方暴雨较历年情势偏大、中部地区较历年情势偏小，其中西江、北江、辽河、黄河中游、山东半岛等区域多处代表站最大 3d 降水量重现期大于 20 年。主要江河洪水在历年情势中偏大的河流主要有辽河支流绕阳河、山东半岛的小清河、钱塘江、鄱阳湖流域饶河、珠江流域桂江和北江、黄河上游支流大通河、河西走廊的石羊河和疏勒河、塔里木河。

2022 年全国共出现 44 次强降水过程，有 28 个省（自治区、直辖市）626 条河流发生超警以上洪水，其中 90 条河流发生超保洪水、27 条河流发生有实测资料以来最大洪水。珠江、辽河、淮河等流域共发生 10 次编号洪水。珠江流域发生 2 次流域性较大洪水，北江发生超百年一遇特大洪水，辽河流域发生严重暴雨洪涝，塔里木河洪水超警早历时长，淮河出现罕见汛前暴雨，四川平武县及北川县、青海大通县、黑龙江五大连池市等地发生严重山洪；有 4 个台风（含热带风暴）登陆我国，较常年偏少；其中台风"梅花"是 1949 年中华人民共和国成立以来第三个在我国 4 次登陆的台风。

五、主要江河冰凌概况

2022 年度，黄河、黑龙江、辽河整个凌汛期凌情形势平稳，未形成冰塞、冰坝和灾情、险情。2022 年 11—12 月，黄河以及黑龙江、辽河等干流河段相继封冻，黄河宁蒙河段及下游河段首封日期均较常年偏早，黑龙江、辽河首封日期较常年偏晚，凌情总体平稳。2023 年 2—3 月，黄河下游河段及内蒙古河段陆续开河；3—4 月，辽河、松花江、黑龙江干流等封冻河流陆续开江，除黑龙江干流开江略晚常年外，其他江河开河（江）日期较常年偏早。

第一章
降　水

一、概述

2022 年，全国平均年降水量为 631.5mm，比 2021 年减少 8.7％，比多年平均值偏少 2.0％。全国 39.3％的面积年降水量比多年平均值偏多，60.7％的面积年降水量比多年平均值偏少。北方区平均年降水量为 340.6mm，比 2021 年减少 16.0％，比多年平均值偏多 3.4％。南方区平均年降水量为 1145.8mm，比 2021 年减少 4.3％，比多年平均值偏少 4.6％。

辽河区、松花江区、珠江区、淮河区、黄河区中下游的部分代表站年降水量比多年平均值偏多 50％以上，有 16 个代表站的年降水量达到有观测记录以来的最大值，个别月份降水量甚至超过同期多年平均降水量的 3 倍以上。长江区、西南诸河区、黄河区上游的多数代表站年降水量偏枯，其中长江区、西南诸河区有 10 个代表站的年降水量为有观测记录以来的最小值。

二、全国年降水量

2022 年，全国平均年降水量为 631.5mm，空间分布不均。全国 28.0％的面积年降水量小于 200mm，主要分布在西北诸河区的西部和北部（除伊犁河流域、阿尔泰山南麓外）；全国 15.2％的面积年降水量为 200～400mm，主要分布在西北诸河区的东部和南部、黄河区鄂尔多斯及兰州至河口镇右岸；全国 28.7％的面积年降水量为 400～800mm，主要分布在西北诸河区青海湖水系、长江区长江上游金沙江段及汉江上游、黄河区黄河源头区及中下游地区、海河区大部、淮河区淮河中下游、辽河区中西部、松花江区大部；全国 28.1％的面积年降水量超过 800mm，主要分布在辽河区中东部、淮河区山东半岛沿海诸河、长江区大部、西南诸河区南部以及珠江区、东南诸河区。全国 7.1% 的面积年降水量超过 1600mm，主要分布在长江区长江下游南岸、珠江区中东部及海南岛大部。2022 年全国年降水量等值线见图 1−1。

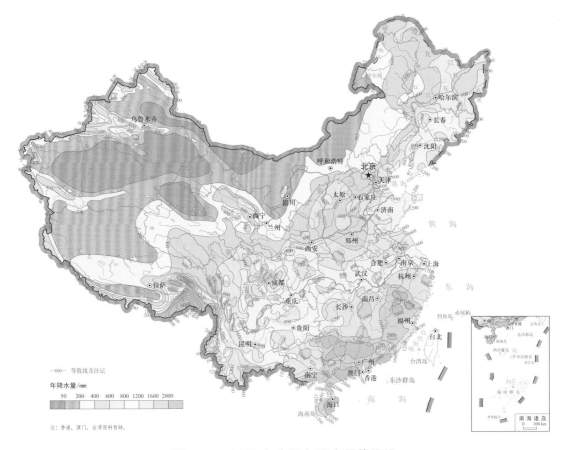

图 1−1　2022 年全国年降水量等值线

全国 39.3% 的面积年降水量比多年平均值偏多，其中全国 2.0% 的面积年降水量偏多 50% 以上。降水量偏多的地区主要分布在松花江区南部、辽河区中东部、淮河区山东半岛沿海诸河、海河区南部、黄河中下游、西北诸河区南部、珠江区中东部及海南岛大部、东南诸河区源头地区，其中辽河区、珠江区以及淮河区山东半岛沿海诸河的局部地区偏多幅度超过 70%。全国 60.7% 的面积年降水量比多年平均值偏少，其中全国 11.2% 的面积年降水量偏少 30% 以上。降水量偏少的地区主要分布在西北诸河区北部、黄河区黄河上游、松花江区中西部、西南诸河区和长江区大部分。2022 年全国年降水量距平等值线见图 1−2。

2022 年，全国一级区之间年降水量差异较大，其中珠江区年降水量高达 1729.3mm，西北诸河区年降水量仅为 154.5mm。2022 年各一级区年降水量及其与 2021 年和多年平均值比较情况见表 1−1。

与 2021 年相比，2022 年仅珠江区增加 26.1%，其他 9 个一级区平均年降水量均有所减少，其中海河区、淮河区分别减少 33.9% 和 26.1%。

与多年平均值相比，2022 年辽河区、松花江区、珠江区、海河区、黄河区 5 个一级

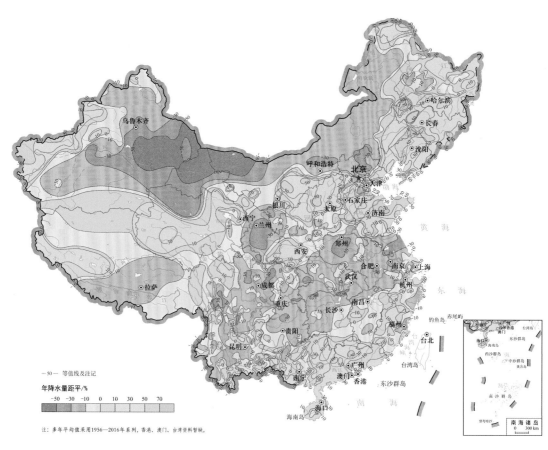

注：多年平均值采用1956—2016年系列，香港、澳门、台湾资料暂缺。

图 1－2　2022 年全国年降水量距平等值线

区年降水量偏多，其中辽河区年降水量偏多 28.9%；长江区、西南诸河区、淮河区、西北诸河区、东南诸河区 5 个一级区年降水量偏少，其中长江区年降水量偏少 10.3%。

表 1－1　　　　　　　2022 年一级区年降水量及其与 2021 年和多年平均值比较

一　级　区	年降水量 /mm	与 2021 年比较 /%	与多年平均值比较 /%
全国	631.5	−8.7	−2.0
松花江区	560.0	−11.6	11.7
辽河区	688.0	−5.2	28.9
海河区	554.4	−33.9	5.2
黄河区	465.8	−16.1	3.0
其中：上游	386.2	−3.9	−2.5
中游	552.0	−24.2	5.3
下游	713.6	−36.0	11.2
淮河区	783.1	−26.1	−6.6
长江区	969.6	−15.9	−10.3

续表

一　级　区	年降水量 /mm	与2021年比较 /%	与多年平均值比较 /%
其中：上游	787.1	−15.3	−10.8
中游	1216.1	−15.2	−9.2
下游	1075.1	−22.7	−13.9
其中：太湖流域	1098.8	−22.6	−8.9
东南诸河区	1649.8	−5.6	−1.9
珠江区	1729.3	26.1	11.1
西南诸河区	994.2	−4.0	−8.9
西北诸河区	154.5	−10.4	−6.4

注：多年平均值采用1956—2016年系列。

三、代表站降水量

综合考虑雨量站观测资料系列的长度与完整性、对所在一级区降水时空分布情况的代表性以及分布的均匀性，在各一级区共选定676个雨量站作为代表站，分析其2022年年降水量及逐月降水过程，并与历史降水情况进行比较。统计2022年实测或调查的最大1h、6h、1d、3d、7d、15d、30d降水量情况。

在全部雨量代表站中，年降水量最大的是海南省琼海市的加报站（3239.0mm），年降水量最小的是青海省都兰县的诺木洪站（41.0mm）。年降水频率属于枯水、偏枯、平水、偏丰、丰水的雨量代表站个数占比分别为13.2%、29.7%、26.0%、21.3%、9.8%。2022年全国雨量代表站年降水量及丰枯情势见图1-3。

辽河区、松花江区、珠江区、淮河区、黄河区中下游有16个代表站的年降水量达到有观测记录以来的最大值，观测系列长度为23～112年，绝大多数在60年以上。辽河区沈阳站2022年降水量为1109.7mm，比多年平均值偏多60.6%，列有观测资料的112年以来的第1位，且降水量年内分配极不均匀，1—5月累计降水量为同期多年平均的71.2%，而6月、7月降水量分别达到同期多年平均降水量的2.8倍和2.3倍。珠江区广东省韶关市瀚江站，2022年降水量为2863.5mm，比多年平均值偏多55.5%，列有观测资料的68年以来的第1位，特别是6月降水量达到1251.5mm，约为同期多年平均降水量的3.7倍，相当于多年平均降水条件下汛期的全部降水量。

长江区、西南诸河区有10个代表站的年降水量为有观测记录以来的最小值，观测系列长度为17～83年，绝大多数都在60年以上。长江区贵州省遵义市乌江渡站，2022年年降水量为598.0mm，较多年平均值偏少38.6%，在有观测资料的83年中年降水量最小，降水量年内分配极不均匀，1—3月累计降水量较同期多年平均偏多1倍，而4—12月每月降水量均小于同期多年平均水平，且累计降水量仅约为同期多年平均值的50%，其中8月降水量仅为11mm。

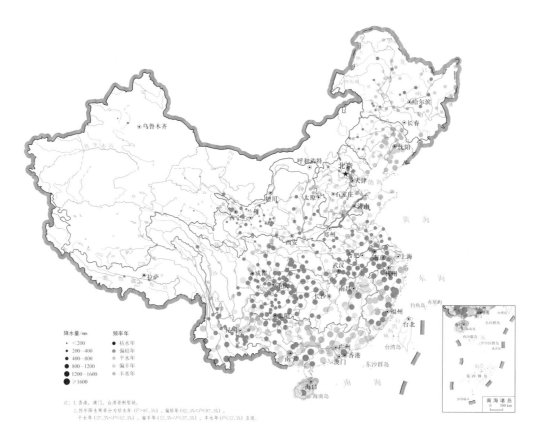

图 1-3　2022 年全国雨量代表站年降水量及丰枯情势

2022 年降水量达到历史极值的部分代表站逐月降水过程见图 1-4。

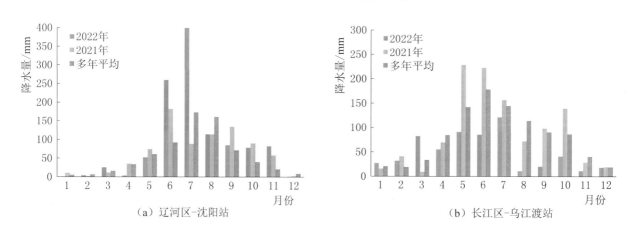

（a）辽河区-沈阳站　　　　　　　　（b）长江区-乌江渡站

图 1-4　部分代表站 2022 年、2021 年及多年平均逐月降水过程

选取各一级区 2022 年降水量与多年平均值相比变幅最大的代表站，其 2022 年、2021 年及多年平均逐月降水过程见图 1-5。

2022 年，松花江区南部和东部代表站降水普遍偏多，中部和西部相对偏少，与多年平均值相比变化幅度为−24%~68%。代表站连续最大 4 个月降水量占全年降水量的比例为 57%~93%，多集中在 5—8 月或 6—9 月。松花江区 2022 年时段最大降水量见表 1-2。

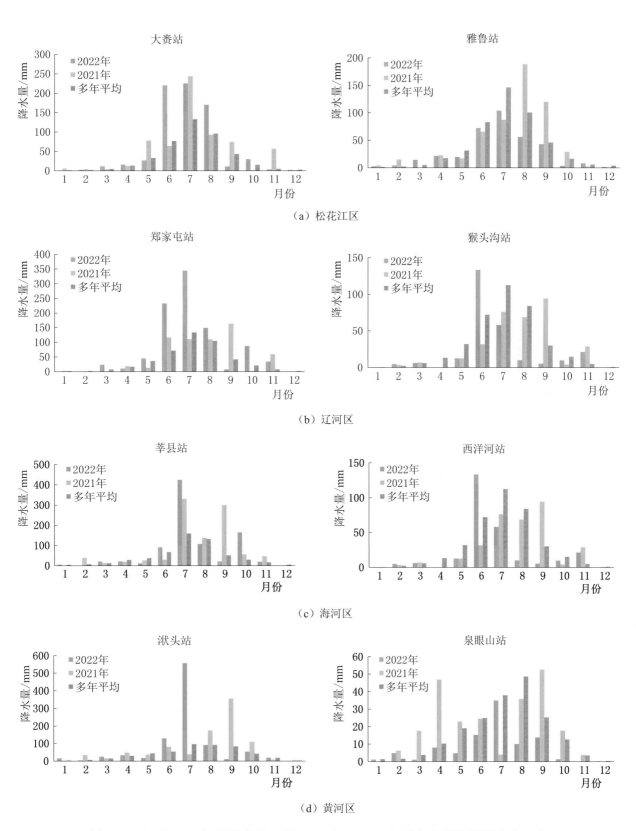

图 1-5（一） 一级区部分代表站 2022 年、2021 年及多年平均逐月降水过程

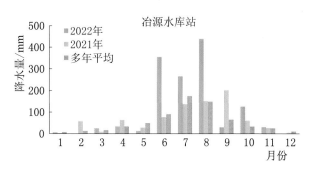

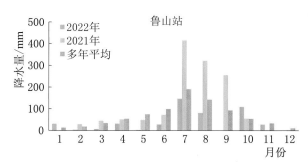

（e）淮河区

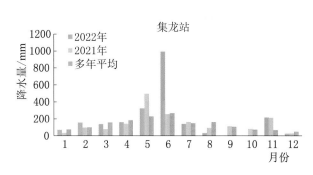

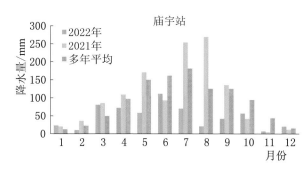

（f）长江区

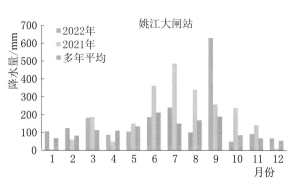

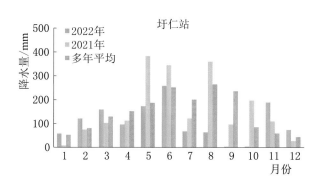

（g）东南诸河区

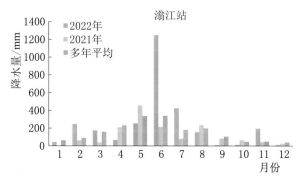

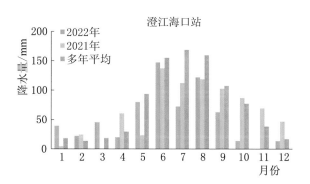

（h）珠江区

图 1-5（二） 一级区部分代表站 2022 年、2021 年及多年平均逐月降水过程

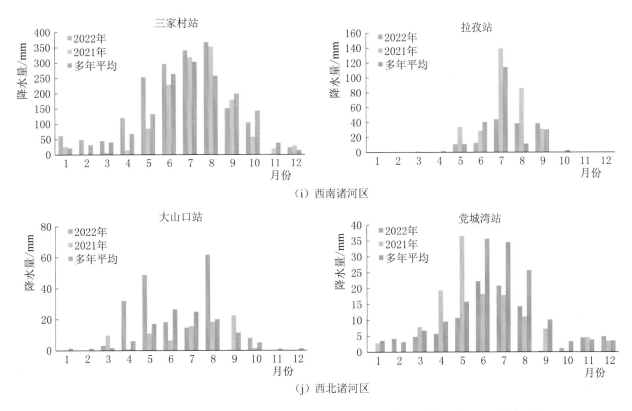

图 1－5（三）　一级区部分代表站 2022 年、2021 年及多年平均逐月降水过程

表 1－2　　　　　　　　　　松花江区 2022 年时段最大降水量

历时	站名	降水量/mm	水　系	出现时间	地　　点
1h	科后	74.2	松花江水系	6 月 23 日	黑龙江省嫩江县科洛镇科后村
6h	泥河水库	158.0	松花江水系	8 月 4 日	黑龙江省哈尔滨市呼兰区大用镇立业村
1d	开库康	207.8	黑龙江干流水系	8 月 5 日	黑龙江省塔河县开库康乡
3d	开库康	221.4	黑龙江干流水系	8 月 5 日始	黑龙江省塔河县开库康乡
7d	开库康	256.8	黑龙江干流水系	8 月 4 日始	黑龙江省塔河县开库康乡
15d	兰西	308.4	松花江水系	8 月 4 日始	黑龙江省兰西县兰西镇
30d	冲河	379.4	松花江水系	6 月 9 日始	黑龙江省五常市冲河镇冲河村

注： 最大 1d 降水以 8：00 为分界，最大 6h 降水以连续 6h 为准，下同。

2022 年，辽河区西北部代表站降水偏少，其他地区多数代表站降水明显偏多，与多年平均值相比变化幅度为－30%～107%。代表站连续最大 4 个月降水量占全年降水量的比例为 66%～93%，多集中在 5—8 月或 6—9 月。辽河区 2022 年时段最大降水量见表 1－3。

2022 年，海河区南部代表站降水偏多、北部代表站降水偏少，与多年平均值相比变化幅度为－30%～59%。代表站连续最大 4 个月降水量占全年降水量的比例为 71%～

89％，多数集中在5—8月，部分代表站为6—9月或7—10月。海河区2022年时段最大降水量见表1-4。

表1-3 辽河区2022年时段最大降水量

历时	站名	降水量/mm	水 系	出现时间	地 点
1h	土城子	103.5	辽东沿黄海诸河水系	8月14日	辽宁省大连市金普新区向应街道城东村土城子屯
6h	五家子	194.3	辽河水系	7月28日	辽宁省阜新市新邱区长营子镇东五家子村
1d	五家子	248.5	辽河水系	7月28日	辽宁省阜新市新邱区长营子镇东五家子村
3d	蒲石河	290.5	鸭绿江水系	6月30日始	辽宁省宽甸满族自治县长甸镇蒲石河村
7d	蒲石河	410.5	鸭绿江水系	6月25日始	辽宁省宽甸满族自治县长甸镇蒲石河村
15d	蒲石河	571.5	鸭绿江水系	6月23日始	辽宁省宽甸满族自治县长甸镇蒲石河村
30d	蒲石河	627.5	鸭绿江水系	6月18日始	辽宁省宽甸满族自治县长甸镇蒲石河村

表1-4 海河区2022年时段最大降水量

历时	站名	降水量/mm	水 系	出现时间	地 点
1h	任县	142.0	子牙河水系	8月8日	河北省邢台市任县任城镇
6h	西固城	343.2	子牙河水系	8月8日	河北省邢台市任泽区西固城镇西固城村
1d	沙坡峪	316.0	北三河水系	7月3日	河北省承德市兴隆县孤山子乡沙坡峪村
3d	沙坡峪	386.4	北三河水系	7月3日始	河北省承德市兴隆县孤山子乡沙坡峪村
7d	沙坡峪	404.0	北三河水系	7月3日始	河北省承德市兴隆县孤山子乡沙坡峪村
15d	下洼	530.5	徒骇马颊水系	6月27日始	山东省滨州市沾化县下洼镇下洼村
30d	龙水梯	675.0	漳卫南运河水系	6月29日始	河南省新乡市辉县黄水乡龙水梯村

2022年，黄河上游多数代表站降水偏少，中下游多数代表站降水偏多，与多年平均值相比变化幅度为−50％～93％。代表站连续最大4个月降水量占全年降水量的比例为55％～97％，上游多集中在6—9月，中下游集中在5—8月、6—9月或7—10月。黄河区2022年时段最大降水量见表1-5。

表1-5 黄河区2022年时段最大降水量

历时	站名	降水量/mm	水 系	出现时间	地 点
1h	历山	110.4	渭河至伊洛河黄河干流水系	7月15日	山西省运城垣曲县历山镇历山村
6h	窝铺	250.5	大汶河以下黄河干流水系	7月12日	山东省济南市历城区柳埠镇窝铺村
1d	历山	248.4	渭河至伊洛河黄河干流水系	7月15日	山西省运城垣曲县历山镇历山村
3d	光明水库	298.5	大汶河水系	6月26日始	山东省泰安市新泰市小协镇光明水库

续表

历时	站名	降水量/mm	水　系	出现时间	地　点
7d	光明水库	407.5	大汶河水系	6月22日始	山东省泰安市新泰市小协镇光明水库
15d	光明水库	500.0	大汶河水系	6月22日始	山东省泰安市新泰市小协镇光明水库
30d	光明水库	650.0	大汶河水系	6月22日始	山东省泰安市新泰市小协镇光明水库

2022年，淮河区东北部多数代表站降水明显偏多，西部及南部多数代表站降水偏少，与多年平均值相比变化幅度为 −42%～97%。代表站连续最大4个月降水量占全年降水量的比例为41%～90%，多集中在5—8月或6—9月，部分站点较多年平均提前到3—6月或推迟到7—10月。淮河区2022年时段最大降水量见表1-6。

表1-6　　　　　　　　　　　　淮河区2022年时段最大降水量

历时	站名	降水量/mm	水　系	出现时间	地　点
1h	大放鹤	107.5	沂沭泗水系	7月26日	山东省日照市莒县陵阳镇大放鹤村水库管理所
6h	樊山	283.5	沂沭泗水系	6月26日	山东省济宁市邹城市石墙镇樊山村
1d	北九水	338.0	山东半岛水系	9月15日	山东省青岛市崂山区北宅街道办事处北九水村
3d	北九水	455.5	山东半岛水系	9月13日始	山东省青岛市崂山区北宅街道办事处北九水村
7d	北九水	456.0	山东半岛水系	9月13日始	山东省青岛市崂山区北宅街道办事处北九水村
15d	大周	621.0	沂沭泗水系	6月22日始	山东省济宁市任城区喻屯镇大周村
30d	前葛庄	811.0	沂沭泗水系	6月22日始	山东省枣庄市山亭区桑村镇前葛庄

2022年，长江区除下游南岸支流部分代表站降水偏多外，多数代表站降水明显偏少，与多年平均值相比变化幅度为 −46%～40%。代表站连续最大4个月降水量占全年降水量的比例为41%～81%，中下游地区多集中在3—6月或4—7月，上游部分站点集中在6—9月或7—10月。长江区2022年时段最大降水量见表1-7。

表1-7　　　　　　　　　　　　长江区2022年时段最大降水量

历时	站名	降水量/mm	水　系	出现时间	地　点
1h	擂鼓	134.0	嘉陵江水系	8月11日	四川省绵阳市北川县擂鼓镇柳林村
6h	黄堂垭	354.8	嘉陵江水系	9月16日	四川省绵阳市江油市云集镇一村
1d	黄堂垭	578.5	嘉陵江水系	9月15日	四川省绵阳市江油市云集镇一村
3d	安德铺	894.2	大渡河岷江水系	7月8日始	四川省成都市郫县安德铺镇
7d	大屋基	1023.0	嘉陵江水系	8月11日始	四川省绵阳市安县茶坪乡金溪村
15d	大屋基	1422.0	嘉陵江水系	8月3日始	四川省绵阳市安县茶坪乡金溪村
30d	大屋基	1743.0	嘉陵江水系	8月3日始	四川省绵阳市安县茶坪乡金溪村

2022年，东南诸河区中西部站点降水偏多，沿海地区代表站降水相对偏少，与多年平均值相比变化幅度为－27%～38%。代表站连续最大4个月降水量占全年降水量的比例为41%～71%，多集中在3—6月，部分站点集中在5—8月。东南诸河区2022年时段最大降水量见表1-8。

表1-8　　东南诸河区2022年时段最大降水量

历时	站名	降水量/mm	水系	出现时间	地点
1h	大荆	103.0	瓯江水系	8月26日	浙江省乐清市大荆镇中庄村
6h	夏家岭	212.5	钱塘江水系	9月14日	浙江省余姚市大岚镇夏家岭
1d	夏家岭	390.0	钱塘江水系	9月14日	浙江省余姚市大岚镇夏家岭
3d	夏家岭	659.0	钱塘江水系	9月12日	浙江省余姚市大岚镇夏家岭
7d	夏家岭	659.0	钱塘江水系	9月12日	浙江省余姚市大岚镇夏家岭
15d	夏家岭	1142.0	钱塘江水系	8月31日	浙江省余姚市大岚镇夏家岭
30d	夏家岭	1193.5	钱塘江水系	8月24日	浙江省余姚市大岚镇夏家岭

2022年，珠江区西部部分站点降水偏少，珠江区中东部及海南岛的多数代表站降水偏多，与多年平均值相比变化幅度为－29%～55%。代表站连续最大4个月降水量占全年降水量的比例为48%～81%，多集中在4—10月。珠江区2022年时段最大降水量见表1-9。

表1-9　　珠江区2022年时段最大降水量

历时	站名	降水量/mm	水系	出现时间	地点
1h	翁田	160.0	海南岛水系	7月18日	海南省文昌市翁田镇后垠子村
6h	大坑	479.5	珠江三角洲水系	5月12日	广东省江门市台山市赤溪镇大坑水库
1d	尖峰岭	684.5	海南岛水系	7月17日	海南省乐东县尖峰镇
3d	琼海	1057.0	海南岛水系	10月3日始	海南省琼海市加积镇文坡村
7d	东路	1337.5	海南岛水系	10月2日始	海南省文昌市东路镇东路水库
15d	东路	1845.5	海南岛水系	10月3日始	海南省文昌市东路镇东路水库
30d	东路	2065.0	海南岛水系	9月18日始	海南省文昌市东路镇东路水库

2022年，西北诸河区南部的部分代表站降水偏多，其他地区雨量代表站降水多呈偏少态势，与多年平均值相比变化幅度为－40%～59%。代表站连续最大4个月降水量占全年降水量的比例为53%～99%，多集中在5—8月或6—9月。西北诸河区2022年时段最大降水量见表1-10。

表 1 – 10　　　　　　　　　　西北诸河区 2022 年时段最大降水量

历时	站名	降水量/mm	水　系	出现时间	地　点
1h	香日德	30.6	柴达木内流诸河水系	8 月 14 日	青海省海西州都兰县香日德镇
6h	布哈河口	47.8	柴达木内流诸河水系	8 月 12 日	青海省刚察县泉吉乡布哈河口
1d	布哈河口	54.4	柴达木内流诸河水系	8 月 12 日	青海省刚察县泉吉乡布哈河口
3d	夏日哈	77.6	柴达木内流诸河水系	5 月 25 日始	青海省都兰县夏日哈镇河南村一社
7d	布哈河口	97.5	柴达木内流诸河水系	8 月 8 日始	青海省刚察县泉吉乡布哈河口
15d	下社	106.8	柴达木内流诸河水系	8 月 20 日始	青海省共和县江西沟乡下社
30d	下社	180.0	柴达木内流诸河水系	8 月 9 日始	青海省共和县江西沟乡下社

扬帆太湖（陈甜　提供）

第二章
蒸　发

一、概述

2022 年，全国平均年蒸发量为 1011.1mm，比多年平均值偏少8.5％。全国年蒸发量空间分布不均，最高值在内蒙古西北部，最低值在松花江区大兴安岭北部。西北诸河区、西南诸河区年蒸发量分别为 1233.5mm、1082.9mm，松花江区、辽河区分别为 589.4mm、771.1mm。与多年平均值相比，2022 年松花江、海河、西北诸河、辽河、珠江、西南诸河等一级区年蒸发量分别偏少 18.2％、17.9％、14.3％、12.3％、6.3％、5.1％，长江区、东南诸河区分别偏多6.9％、8.5％，其他一级区基本持平。

二、全国年蒸发量

2022 年，全国平均年蒸发量为 1011.1mm，全国年蒸发量等值线见图 2－1。蒸发量在 800mm 以下的低值区面积占全国面积的24.4％，主要分布在黑龙江流域、辽河东部、长江中部，其中长江中部蒸发量为 700～800mm，最低值在松花江大兴安岭北部，不足400mm。蒸发量为 800～1200mm 的面积占全国面积的 56.6％，主要分布在辽河中部、海河区、淮河区、黄河中下游、长江下游、三江源区、珠江中下游、东南诸河区、西南诸河区、西北诸河区北部和南部。蒸发量大于 1200mm 的高值区面积占全国面积的 19.0％，主要分布在西北诸河区的高原和盆地、青藏高原雅江中部以及云南中东部地区。

2022 年，全国一级区平均年蒸发量差异较大，西北诸河区、西南诸河区年蒸发量分别为 1233.5mm、1082.9mm，松花江区、辽河区蒸发量分别为 589.4mm、771.1mm。与多年平均值相比，松花江、

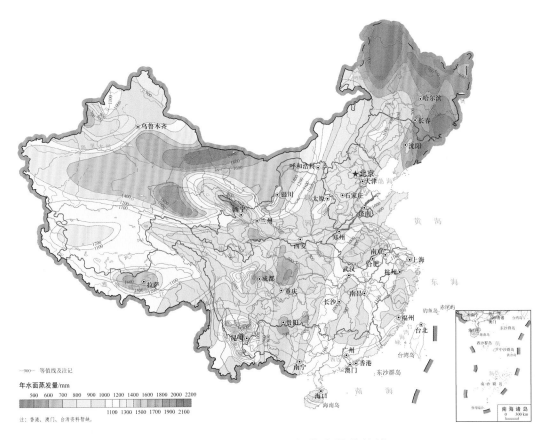

图 2-1　2022 年全国年蒸发量等值线

海河、西北诸河、辽河、珠江、西南诸河等一级区蒸发量偏少，其中松花江、海河区分别偏少 18.2％、17.9％，东南诸河和长江区蒸发量分别偏多 8.5％、6.9％，其他一级区基本持平。2022 年一级区年蒸发量与多年平均值比较情况见表 2-1。

表 2-1　　　　2022 年一级区年蒸发量与多年平均值比较

一级区	年蒸发量/mm	与多年平均值比较/％	一级区	年蒸发量/mm	与多年平均值比较/％
全国	1011.1	−8.5	长江区	898.5	6.9
松花江区	589.4	−18.2	其中：太湖流域	1031.2	28.9
辽河区	771.1	−12.3	东南诸河区	996.7	8.5
海河区	877.9	−17.9	珠江区	976.5	−6.3
黄河区	994.6	−4.6	西南诸河区	1082.9	−5.1
淮河区	948.6	2.3	西北诸河区	1233.5	−14.3

注：多年平均值采用 1980—2000 年系列。

三、代表站蒸发量

综合考虑蒸发站观测资料的完整性、所在区域蒸发特征的代表性以及空间分布均匀性选定126个蒸发量代表站，分析其2022年蒸发量及其与历史情况对比，各一级区蒸发量代表站数目见表2-2。

表2-2　　　　　　　　　　　一级区蒸发量代表站数目

一级区	2022年代表站数目/个	2021年代表站数目/个	一级区	2022年代表站数目/个	2021年代表站数目/个
全国	126	79	长江区	43	20
松花江区	6	6	其中：太湖流域	3	3
辽河区	5	4	东南诸河区	5	4
海河区	7	6	珠江区	20	7
黄河区	13	11	西南诸河区	7	3
淮河区	12	10	西北诸河区	8	8

2022年，全国代表站蒸发量与2021年相比，辽河区台安站增加最多，为56.4%、黄河区浍河水库站减少最多，为−15.3%。2022年全国代表站蒸发量与2021年比较见图2-2。

图2-2　2022年全国代表站蒸发量与2021年偏差百分比

2022年，全国代表站蒸发量与多年平均值相比，长江区七里泷站偏多41.0%，松花江区太平湖水库站偏少42.1%，辽河区通辽站偏少41.1%。2022年全国代表站蒸发量与多年平均值比较见图2-3。

图 2-3 2022 年全国代表站蒸发量距平

2022 年,松花江区代表站年蒸发量与 2021 年相比变化幅度为 0.3%～15.2%,阿里河站增多 15.2%,其中 5 月、8 月分别增多 23mm 和 15mm。与多年平均值相比变化幅度为 -42.1%～6.1%,除文得根站偏多 6.1% 外,其余站均偏少,其中太平湖水库站偏少 42.1%,3—10 月蒸发量偏少明显,4—7 月蒸发量偏少 50mm 以上,其中 6 月偏少 79mm。松花江区部分代表站 2022 年、2021 年及多年平均逐月蒸发量见图 2-4。

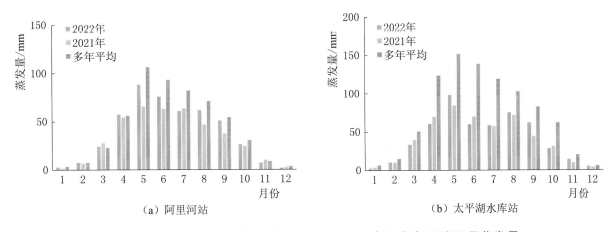

图 2-4 松花江区部分代表站 2022 年、2021 年及多年平均逐月蒸发量

2022 年,辽河区代表站年蒸发量与 2021 年相比变化幅度为 -6.2%～56.4%,除通辽站减少 6.2% 外,其余站均增多,其中台安站增多 56.4%,4—11 月增多明显,5 月增

多 87mm。与多年平均值相比变化幅度为－41.4％～14.2％，通辽站偏少 41.4％，各月均偏少明显，其中 6 月偏少 83mm。辽河区部分代表站 2022 年、2021 年及多年平均逐月蒸发量见图 2－5。

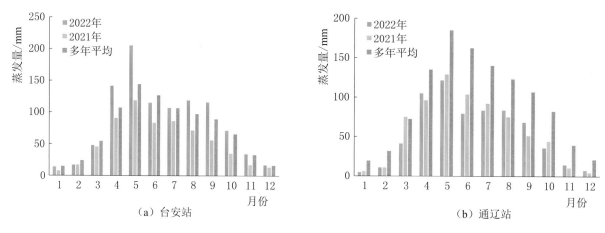

（a）台安站　　　　　　　　　　　　　（b）通辽站

图 2－5　辽河区部分代表站 2022 年、2021 年及多年平均逐月蒸发量

2022 年，海河区代表站年蒸发量与 2021 年相比变化幅度为 8.2％～19.2％，其中于桥水库站、宽城站分别增多 19.2％、19.0％，7—10 月增多明显，上述两站分别增多 50mm、48mm。与多年平均值相比变化幅度为－9.8％～17.1％，孤山站偏多 17.1％，宽城站偏多 15.0％，其余站均偏少。宽城站 7—10 月蒸发量偏多明显，其中 8 月偏多 38mm，于桥水库站偏少 9.8％，其中 3 月偏少 22mm。海河区部分代表站 2022 年、2021 年及多年平均逐月蒸发量见图 2－6。

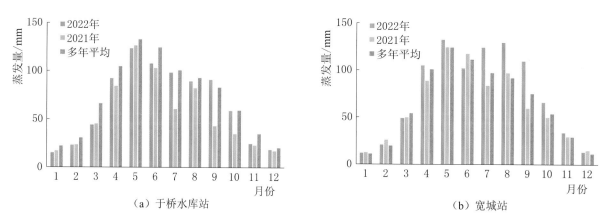

（a）于桥水库站　　　　　　　　　　　（b）宽城站

图 2－6　海河区部分代表站 2022 年、2021 年及多年平均逐月蒸发量

2022 年，黄河区代表站年蒸发量与 2021 年相比变化幅度为－15.3％～23.1％，张家山站、红旗站、戴村坝站分别增多 23.1％、17.5％、13.6％，浍河水库站减少 15.3％，其他站变化在±10％以内。与多年平均值相比变化幅度为－22.3％～10.9％。孕大滩站偏少 22.3％，2 月、8—11 月偏少明显，其中 9 月偏少 38mm，泾河张家山站年蒸发量偏少 9.6％，其中 3 月偏少 30mm。黄河区部分代表站 2022 年、2021 年及多年平均逐月蒸发量见图 2－7。

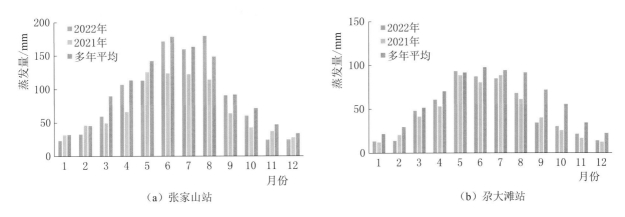

（a）张家山站　　　　　　　　　　　　（b）尕大滩站

图 2-7　黄河区部分代表站 2022 年、2021 年及多年平均逐月蒸发量

2022 年，长江区代表站年蒸发量与 2021 年相比变化幅度为 −13.8％～47.8％，除石鼓站、泸宁站和七星桥站减少外，其余站均增多，增多超 30％的代表站主要集中在重庆市，其中温泉站增多 47.8％，4—8 月增多明显，4 月、8 月分别增多 102％、142％。与多年平均值相比变化幅度为 −35.5％～41.0％。嘉陵江水系七里沱站偏多 41.0％，3—8月偏多明显，其中 8 月偏多 74mm。长江区部分代表站 2022 年、2021 年及多年平均逐月蒸发量见图 2-8。

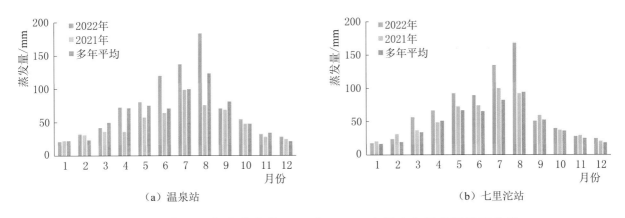

（a）温泉站　　　　　　　　　　　　（b）七里沱站

图 2-8　长江区部分代表站 2022 年、2021 年及多年平均逐月蒸发量

2022 年，淮河区代表站年蒸发量与 2021 年相比变化幅度为 0.7％～45.6％，南湾站增多 45.6％，3—4 月、6—11 月增多明显，7 月增多 54mm，姚李站增多 32.5％，3—10月增多，其余月偏少，7 月增多 87％。与多年平均值相比变化幅度为 −11.6％～27.2％，除丁后郢偏少 11.6％、日照水库偏少 5.7％、南湾站偏少 1.6％外，其余站均偏多。淮河区部分代表站 2022 年、2021 年及多年平均逐月蒸发量见图 2-9。

2022 年，东南诸河区代表站年蒸发量与 2021 年相比变化幅度为 −5.8％～13.1％。屯溪站增多 13.1％，8 月增多 64mm。与多年平均值相比变化幅度为 −1.0％～15.4％，除姚江大闸站偏少 1.0％外，其余站均偏多，将乐站偏多 15.4％，其中 8 月偏多38.8mm。东南诸河区部分代表站 2022 年、2021 年及多年平均逐月蒸发量见图 2-10。

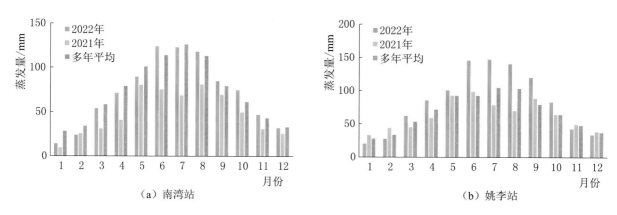

（a）南湾站 （b）姚李站

图 2-9 淮河区部分代表站 2022 年、2021 年及多年平均逐月蒸发量

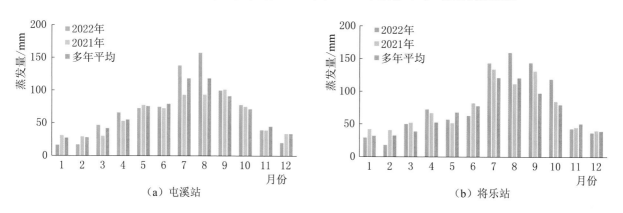

（a）屯溪站 （b）将乐站

图 2-10 东南诸河区部分代表站 2022 年、2021 年及多年平均逐月蒸发量

2022 年，珠江区代表站年蒸发量与 2021 年相比变化幅度为 -14.0%～10.9%，除西江水系北部荔波站增多 10.9%、长安站增多 10.3%、桂林站增多 7.5%外，其余站均减少。与多年平均值相比变化幅度为 -15.7%～27.3%，南宁站偏多 27.3%，10 月偏多 49mm，荔波站偏多 22.8%，7—12 月偏多明显，10 月偏多 43mm。珠江区部分代表站 2022 年、2021 年及多年平均逐月蒸发量见图 2-11。

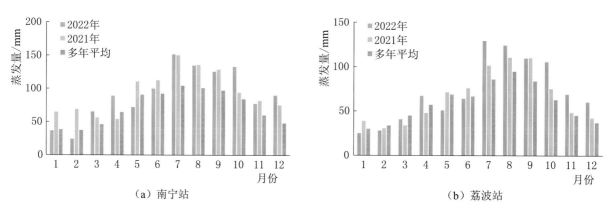

（a）南宁站 （b）荔波站

图 2-11 珠江区部分代表站 2022 年、2021 年及多年平均逐月蒸发量

2022 年，西南诸河区代表站年蒸发量与 2021 年相比变化幅度为 -8.3%～6.5%，雅鲁藏布江暨恒河水系的代表站基本持平。与多年平均值相比变化幅度为 -11.7%～

10.5%，羊村站偏少11.7%、工布江达站偏少5.5%、拉萨站偏多10.5%，其余站基本持平，其中羊村站5月偏少44mm，拉萨站7月偏多66mm。西南诸河区部分代表站2022年、2021年及多年平均逐月蒸发量见图2-12。

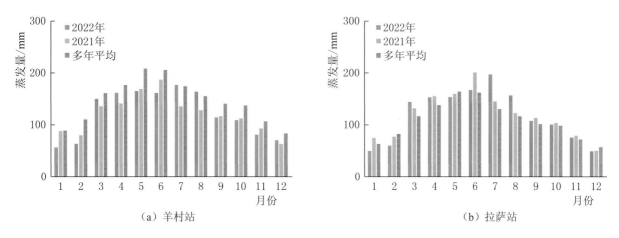

（a）羊村站　　　　　　　　　　　　　　（b）拉萨站

图2-12　西南诸河区部分代表站2022年、2021年及多年平均逐月蒸发量

2022年，西北诸河区代表站年蒸发量与2021年相比变化幅度为-7.5%～13.1%，下社站增多13.1%，3—4月、10—12月增多明显，3月增多45mm。与多年平均值相比变化幅度为-38.1%～21.9%，疏勒河昌马堡站偏少38.1%，3—10月月蒸发量偏少50mm以上，其中8月偏少112mm，卡群站偏多21.9%，9月偏多36mm。西北诸河区部分代表站2022年、2021年及多年平均逐月蒸发量见图2-13。

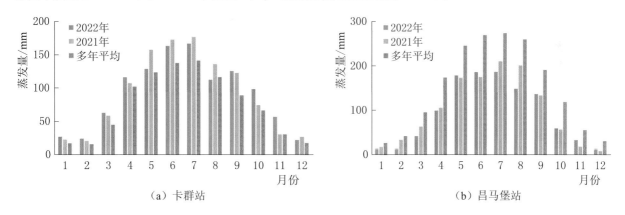

（a）卡群站　　　　　　　　　　　　　　（b）昌马堡站

图2-13　西北诸河区部分代表站2022年、2021年及多年平均逐月蒸发量

黄河源（龙虎 摄）

第三章
径 流

一、概述

2022 年，全国地表径流量为 25984.4 亿 m³，折合径流深为 274.7mm，比 2021 年减少 8.2%，比多年平均值偏少 2.2%。与 2021 年相比，北方区年径流量减少 20.5%，南方区年径流量减少 4.7%。与多年平均值相比，北方区年径流量偏多 16.2%，南方区年径流量偏少 5.7%。

二、分区径流量

2022 年各一级区年径流量（年径流深）与 2021 年和多年平均值比较见表 3-1 和图 3-1。

与 2021 年相比，2022 年北方区年径流量减少 20.5%，南方区年径流量减少 4.7%。珠江区、辽河区、西北诸河区 3 个一级区年径流量分别增加 49.0%、18.0% 和 7.2%，海河区、淮河区、黄河区、长江区、松花江区、西南诸河区、东南诸河区 7 个一级区年径流量分别减少 57.2%、42.3%、32.8%、23.4%、23.4%、3.5% 和 2.0%。

与多年平均值相比，2022 年北方区年径流量偏多 16.2%，南方区年径流量偏少 5.7%。辽河区、松花江区、海河区、珠江区、西北诸河区 5 个一级区年径流量分别偏多 75.5%、25.3%、18.2%、14.3% 和 10.8%；长江区、淮河区、西南诸河区、东南诸河区、黄河区 5 个一级区年径流量分别偏少 13.2%、10.8%、10.2%、3.4% 和 1.0%。

表 3－1　2022 年一级区年径流量（年径流深）及其与 2021 年和多年平均值比较

一级区	年径流量/亿 m³	年径流深/mm	与2021年比较/%	与多年平均值比较/%
全国	25984.4	274.7	−8.2	−2.2
松花江区	1565.6	170.0	−23.4	25.3
辽河区	690.3	219.8	18.0	75.5
海河区	202.6	63.4	−57.2	18.2
黄河区	577.6	72.6	−32.8	−1.0
其中：上游	324.1	83.7	−16.9	−6.6
中游	218.4	63.5	−46.6	4.3
下游	33.0	147.2	−45.0	34.4
淮河区	614.6	185.8	−42.3	−10.8
长江区	8485.6	475.7	−23.4	−13.2
其中：上游	3682.9	374.3	−26.4	−16.7
中游	4326.5	641.3	−17.8	−8.2
下游	476.1	380.7	−41.4	−26.0
其中：太湖流域	141.6	381.6	−43.5	−19.0
东南诸河区	1940.5	928.0	−2.0	−3.4
珠江区	5404.0	935.1	49.0	14.3
西南诸河区	5166.0	610.3	−3.5	−10.2
西北诸河区	1337.6	39.8	7.2	10.8

注：多年平均值采用 1956—2016 年系列。

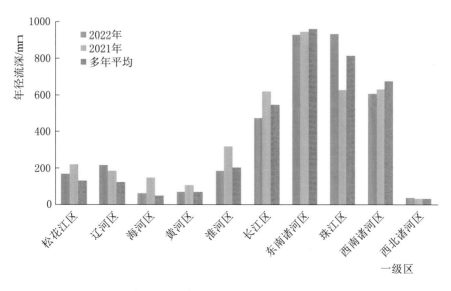

图 3－1　2022 年一级区年径流深与 2021 年和多年平均值比较

三、代表站径流量

（一）全国代表站径流量

综合考虑流量观测资料系列的长度与完整性、代表性，共选定全国大江大河 409 处国家基本水文站进行径流量分析，其中部分代表站进行天然径流量还原计算。全国主要河流代表站实测和天然年径流量见表 3-2。

表 3-2　　　　　　　　全国主要河流代表站实测与天然年径流量

一级区	河　流	代表站	集水面积 /万 km²	实测年径流量/亿 m³			天然年径流量/亿 m³		
				2022 年	2021 年	多年平均	2022 年	2021 年	多年平均
松花江区	松花江	哈尔滨	38.98	491.2	826.9	406.3	651.6	860.2	443.4
	嫩江	江桥	16.26	200.7	524.9	205.0	224.8	535.8	218.7
	第二松花江	扶余	7.18	210.7	187.9	148.6	210.7	187.9	148.6
辽河区	辽河	铁岭	12.08	91.43	35.88	29.17	97.57	42.59	34.21 *
	辽河	巴林桥	1.12	2.727	3.002	4.965	3.093	3.370	5.260
	浑河	邢家窝棚	1.11	36.64	22.28	19.69	45.92	31.26	26.66
海河区	滦河	滦县	4.41	17.71	46.97	30.87	25.78	70.08	35.44
	潮白河	张家坟	0.85	1.745	7.948	4.384	1.517	8.107	4.231
	永定河	石匣里	2.36	4.041	2.398	4.300	4.954	3.058	7.411
	漳河	观台	1.78	8.022	26.31	8.110	8.961	28.1	13.29
	卫河	元村集	1.43	22.66	46.86	7.610	19.07	69.45	13.62 *
黄河区	黄河	利津	75.19	260.9	441.1	294.8	510.3	759.4	498.8
	黄河	花园口	73.00	321.7	509.7	374.1	479.4	730.7	493.6
	黄河	头道拐	36.79	170.2	222.1	213.6	272.7	336.8	315.6
	黄河	兰州	22.26	301.9	353.1	320.9	294.3	355.4	332.2
	湟水	民和	1.53	19.52	18.90	16.91	25.14	25.12	21.01 *
	渭河	华县	10.65	54.99	132.0	66.79	86.04	160.2	78.13 *
	北洛河	㳇头	2.56	5.781	11.90	7.810	7.600	14.69	8.353
	伊洛河	黑石关	1.86	16.54	57.88	24.96	21.43	66.84	27.16 *
淮河区	淮河	蚌埠（吴家渡）	12.13	118.0	397.7	267.0	157.1	408.8	266.1
	淮河	王家坝	3.06	45.23	109.5	88.32	51.00	110.4	103.8
	淮河	鲁台子	8.86	104.8	325.4	211.5	138.3	333.4	251.2 *
	史灌河	蒋家集	0.59	12.09	37.19	23.05	29.16	48.85	33.59 *
	沂河	临沂	1.03	26.18	29.73	20.30	19.87	26.70	25.84

续表

一级区	河流	代表站	集水面积/万 km²	实测年径流量/亿 m³			天然年径流量/亿 m³		
				2022 年	2021 年	多年平均	2022 年	2021 年	多年平均
长江区	长江	大通	170.54	7712	9646	9080	8333	10450	9442
	长江	宜昌	100.55	3623	4723	4416	3788	5093	4464
	长江	向家坝	45.88	1276	1229	1429	1374	1441	1448
	岷江	高场	13.54	704.2	816.7	866.1	744.6	853.4	908.0
	乌江	武隆	8.30	356.0	517.4	489.0	357.5	523.1	504.0
	嘉陵江	北碚	15.67	488.3	1101	649.6	541.3	1166	673.0
	汉江	皇庄	14.21	312.3	735.6	454.2	312.3	736.0	454.0
	鄱阳湖	湖口	16.22	1430	1361	1518	1554	1473	1598
东南诸河区	钱塘江	兰溪	1.82	188.2	199.3	176.6	200.2	212.5	186.8
	闽江	竹岐	5.45	570.2	377.0	539.3	579.4	378.4	539.2
珠江区	西江	梧州	32.7	2171	1379	2028	2177	1381	2110 *
	西江	迁江	12.89	607.6	448.9	646.4	615.2	455.4	661.7 *
	西江	小龙潭	1.54	21.27	16.14	30.92	25.69	20.27	34.42
	柳江	柳州	4.54	431.8	370.2	404.1	439.4	377.3	436.8
西北诸河区	疏勒河	昌马堡	1.10	14.89	14.03	10.28	14.89	14.03	10.28
	黑河	莺落峡	1.00	18.70	17.42	16.64	18.70	17.42	16.64
	格尔木河	格尔木	1.96	8.950	9.821	7.900	9.663	10.22	8.114
	阿克苏河	西大桥	4.35	77.52	68.91	63.57	101.9	68.91	63.57
	开都河	大山口	1.90	34.13	33.11	37.39	34.13	33.11	37.39
	车尔臣河	且末	2.68	7.353	6.632	6.082	7.353	6.632	6.082

注：表中＊标注的多年平均值为 1956—2016 年系列的平均值，未标注的多年平均值为建站至 2020 年流量系列的平均值。

1. 与 2021 年实测径流量比较

全国代表站实测径流量与 2021 年比较见图 3-2。全国呈现多个径流量增加区域和大范围径流量显著减少区域并存的形势。

代表站径流量较 2021 年显著增加的区域有辽河中下游、浙闽南部诸河、珠江区和西北诸河大部分地区。其中辽河铁岭站增加 155％，闽江竹岐站增加 51.3％，珠江梧州站增加 57.4％，西北诸河中疏勒河、黑河、车尔臣河和阿克苏河代表站增加 6.1％～12.5％。

较 2021 年显著减少的区域主要有东北地区和我国中部的广大地区，包括松花江上游、西辽河上游、海河、黄河中下游、淮河、长江和浙江沿海诸河北部等区域。其中松花江上游江桥站实测径流量减少 61.8％，海河区滦河、潮白河、漳河、卫河代表站减少 51.6％～78.0％，黄河干流利津站减少 40.9％，黄河支流渭河、北洛河和伊洛河代表站

图 3 - 2　2022 年全国代表站实测径流量与 2021 年偏差百分比

减少 51.4%～71.4%，淮河蚌埠（吴家渡）站减少 70.3%，长江大通站减少 20.0%，8月干流代表站月最低水位打破历年同期最低记录，长江支流岷江、乌江、嘉陵代表站减少 13.8%～55.6%。

2. 与多年平均实测径流量比较

全国代表站实测径流量与多年平均实测径流量比较见图 3 - 3。全国呈现多处局部丰水区域和大范围显著枯水区域。

与多年平均径流量相比主要有三个丰水区域，一是松花江南部至辽河中下游区域，二是长江洞庭湖水系至珠江中游北部支流区域，三是黄河上游北部支流及西北诸河区域。其中松花江哈尔滨站和第二松花江扶余站偏多 20.9% 和 41.8%，辽河铁岭站和浑河邢家窝棚站偏多 213% 和 86.0%；湘江湘潭站偏多 18.2%，桂江平乐站偏多 48.7%，北江石角站偏多 35.2%；黄河支流湟水民和站偏多 15.4%，西北诸河中黑河、车尔臣河、阿克苏河和疏勒河代表站偏多 12.4%～44.8%。

与多年平均径流量相比主要有两大枯水区域，一是西辽河上游至海河北系诸河区域，二是黄河干流及以南、长江流域和淮河流域。其中辽河上游巴林桥站偏少 45.1%，滦河滦县站、永定河石匣里站和潮白河张家坟站分别偏少 42.6%、6.0% 和 60.2%，黄河中下游干流花园口站偏少 14.0%，淮河干支流代表站偏少 47.5%～55.8%，长江干流大通站偏少 15.1%，支流岷江、乌江、嘉陵江、汉江代表站偏少 18.7%～31.2%。

图 3-3 2022 年全国代表站实测径流量距平

3. 与 2021 年天然径流量比较

全国代表站天然径流量与 2021 年比较见图 3-4。第二松花江、辽河中下游、洞庭湖水系、珠江、东南诸河区南部、西北诸河区南部等区域天然径流量较 2021 年显著增多。松花江上游、辽河上游、海河北系诸河一带，以及黄河中下游干流、淮河、长江等区域天然径流量较 2021 年天然径流量显著减少。其中，松花江哈尔滨站减少 24.3%；辽河铁岭站增多 129%；海河区永定河石匣里站增多 62.0%，海河区其他诸河代表站减少 63.2%～81.3%；黄河干流上游兰州站减少 16.9%，中下游代表站减少 18.7%～33.9%，支流湟水民和站与 2021 年相当，渭河华县站减少 46.3%，支流北洛河洑头站和伊洛河黑石关站减少 48.3% 和 67.9%；淮河干流鲁台子站和王家坝站减少 58.5% 和 53.8%，下游蚌埠（吴家渡）站减少 61.6%；长江干流上游向家坝站减少 4.6%，中下游宜昌站和大通站减少 25.6% 和 20.3%，各大支流代表站减少 12.7%～57.6%；闽江竹岐站增多 52.4%；珠江干支流增多 16.5%～57.6%；西北诸河区阿克苏河西大桥站增多 47.9%。

4. 与多年平均天然径流量比较

全国代表站天然径流量与多年平均径流量比较见图 3-5。松花江流域南部、辽河中下游、洞庭湖水系、西北诸河的天然径流量较多年平均天然径流量总体偏多。辽河上游、海河北系诸河、长江全域天然径流量较多年平均值显著偏少。其中，松花江哈尔滨站偏多 47.0%；辽河铁岭站偏多 185%；海河区除卫河元村集站偏多 40.0% 外，其他代表站偏少

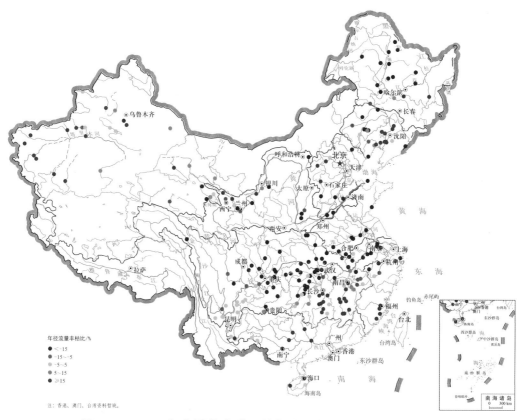

图 3－4　2022 年全国代表站天然径流量与 2021 年偏差百分比

图 3－5　2022 年全国代表站天然径流量距平

27.3%～64.1%；黄河干流上中游兰州站和头道拐站偏少11.1%和13.3%，下游利津站偏多2.1%， 潎头站和黑石关站偏少9.0%和21.1%；淮河干流各代表偏少41.0～50.9%；长江干流上游向家坝站偏少5.1%，中下游宜昌站和大通站偏少15.1%和11.7%，各大支流代表站偏少12.7%～31.2%；闽江竹岐站偏多7.5%；西江干流上游小龙潭站偏少25.4%，下游梧州站偏多3.2%。西北诸河代表站偏多8.0%～60.3%。

（二）分区代表站径流量

1. 松花江区

2022年，松花江区实测径流量与2021年相比，松花江干流哈尔滨站减少40.6%，嫩江柳家屯、古城子、江桥站分别减少64.4%、54.7%和61.8%，第二松花江扶余站增加12.2%，松花江下游支流莲花站和牡丹江站增加26.0%和20.1%，倭肯站减少54.2%。

与多年平均实测径流量相比，松花江干流哈尔滨站偏多20.9%，嫩江柳家屯、古城子、江桥站分别偏少12.4%、13.2%和2.1%，第二松花江扶余站偏多41.8%，松花江下游支流莲花站和牡丹江站偏多4.0%和35.1%，倭肯站偏少59.3%。松花江区部分代表站2022年、2021年和多年平均逐月实测径流量见图3-6。

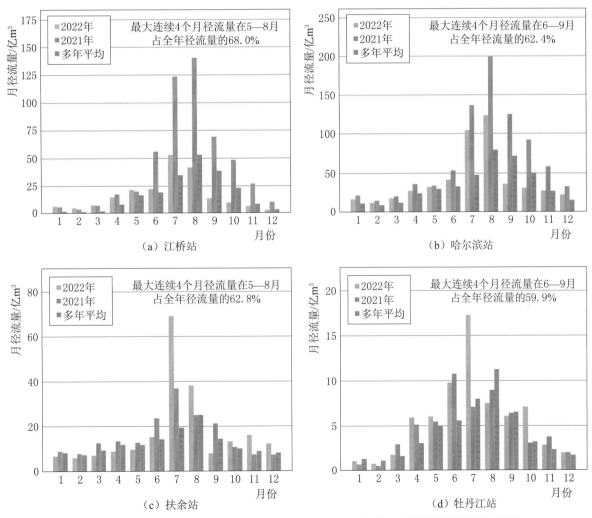

图3-6 松花江区部分代表站2022年、2021年和多年平均逐月实测径流量

2. 辽河区

2022年，辽河区实测年径流量与2021年相比，辽河上游巴林桥站减少9.2%，兴隆坡站增加31.2%，下游铁岭站增加154.8%。大凌河凌海站增加70.4%。浑河邢家窝棚站、太子河葠窝水库站分别增加64.5%和17.3%。

与多年平均实测年径流量相比，辽河上游巴林桥站偏少45.1%，兴隆坡站偏少83.8%，下游铁岭站偏多213.4%。大凌河凌海站偏多82.0%。浑河邢家窝棚站、太子河葠窝水库站偏多86.1%和71.0%。辽河区部分代表站2022年、2021年和多年平均逐月实测径流量见图3－7。

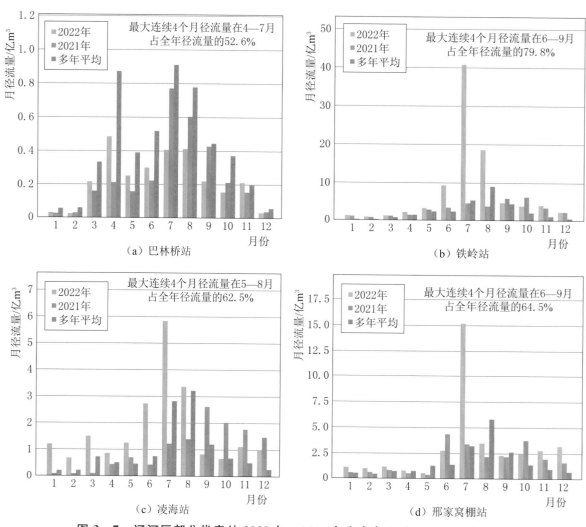

图3－7 辽河区部分代表站2022年、2021年和多年平均逐月实测径流量

3. 海河区

2022年，海河区实测径流量与2021年相比，滦河滦县站减少62.3%，潮白河张家坟站减少78.0%，永定河石匣里站增加68.5%、雁翅站增加206%、屈家店站增加14.2%，漳卫河观台站、元村集站减少69.5%和51.6%，滹沱河小觉站增加24.6%，北中山站减少19.0%，滏阳河艾辛庄站减少33.8%，衡水站增加14.6%。

与多年平均实测径流量相比，滦河滦县站偏少42.6%，潮白河张家坟站偏少

60.2%，永定河石匣里站和雁翅站偏少 6.0% 和 4.6%，屈家店站偏多 490%，漳卫河观台站偏少 1.1%，元村集站偏多 198%，滹沱河小觉站和北中山站偏多 26.3% 和 58.9%，滏阳河艾辛庄站偏多 284%，衡水站偏少 81.5%。海河区部分代表站 2022 年、2021 年和多年平均逐月实测径流量见图 3-8。

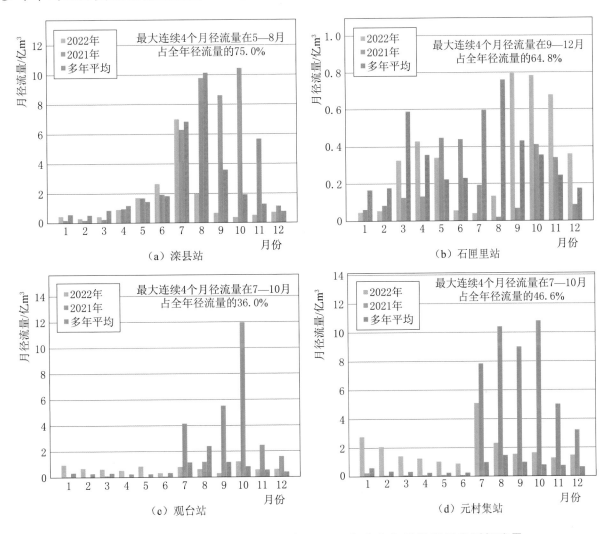

图 3-8　海河区部分代表站 2022 年、2021 年和多年平均逐月实测径流量

4. 黄河区

2022 年，黄河区实测年径流量与 2021 年相比，黄河干流上游兰州站和头道拐站减少 14.5% 和 23.4%，中游潼关站减少 33.2%，下游利津站和花园口站减少 40.9% 和 36.9%。支流洮河岷县站、红旗站减少 21.8% 和 17.5%，湟水民和站和孕大滩站增加 3.3% 和 42.8%，无定河白家川站增加 30.3%，泾河张家山站减少 42.9%，渭河华县站减少 58.4%，北洛河㳇头站减少 51.4%，汾河河津站减少 13.6%，伊洛河黑石关站减少 71.4%。

与多年平均实测径流量相比，黄河干流上游兰州站和头道拐站偏少 5.9% 和 20.3%，中游潼关站偏少 18.1%，下游利津站和花园口站偏少 11.4% 和 14.0%。支流洮河岷县站、红旗站偏少 37.3% 和 38.8%，湟水民和站和孕大滩站偏多 15.4% 和 35.0%，无定河白家川站偏少 13.0%，北洛河洑头站偏少 26.0%，泾河张家山站偏少 13.1%，渭河华县站偏少 17.7%，汾河河津站偏多 48.6%，伊洛河黑石关站偏少 33.7%。黄河区部分代表站 2022 年、2021 年和多年平均逐月实测径流量见图 3-9。

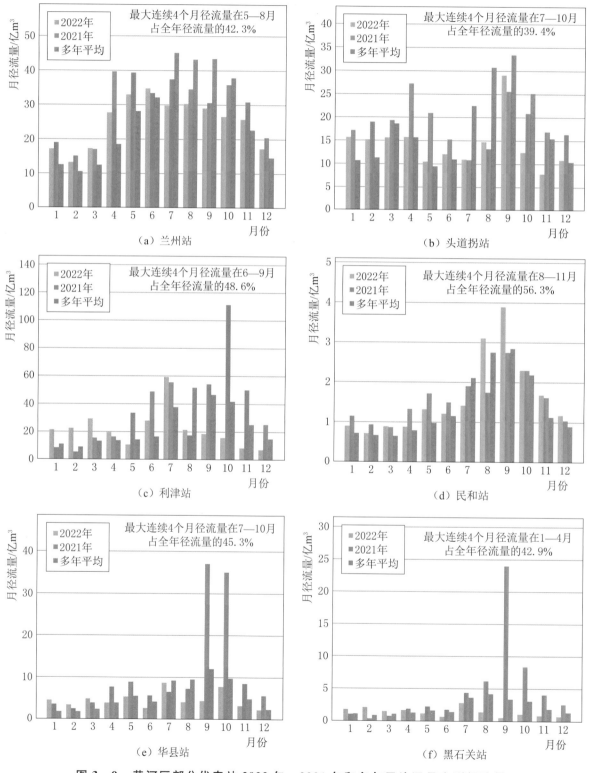

图 3-9　黄河区部分代表站 2022 年、2021 年和多年平均逐月实测径流量

5. 淮河区

2022年，淮河区实测年径流量与2021年相比，淮河干流息县站减少42.8%，王家坝站减少58.7%，鲁台子站减少67.8%，蚌埠（吴家渡）站减少70.3%，支流史灌河蒋家集站减少67.5%。沂河临沂站减少11.9%。

与多年平均实测径流量相比，淮河干流息县站偏少39.2%，鲁台子站偏少50.4%，王家坝站偏少48.8%，蚌埠（吴家渡）站偏少55.8%，支流史灌河蒋家集站偏少47.5%。沂河临沂站偏多29.0%。淮河区部分代表站2022年、2021年和多年平均逐月实测径流量见图3-10。

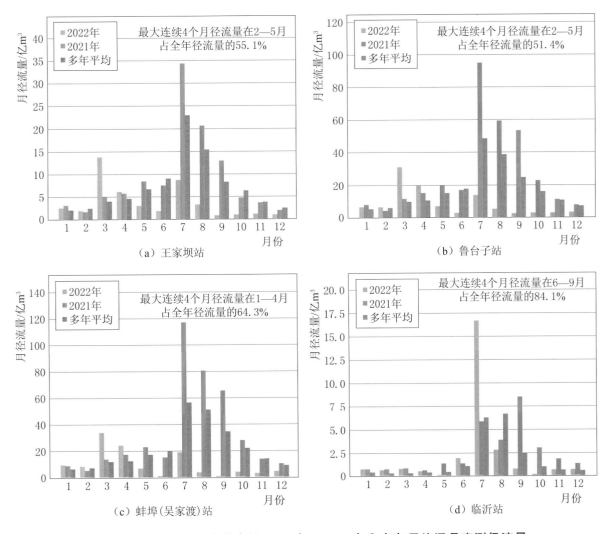

图3-10　淮河区部分代表站2022年、2021年和多年平均逐月实测径流量

6. 长江区

2022年，长江区实测径流量与2021年相比，长江干流源区直门达站减少21.8%，上游向家坝站增加3.8%，寸滩站减少20.8%，中游宜昌站和汉口站均减少23.3%，下游大通站减少20.0%；支流雅砻江泸宁站减少19.4%，米易站增加2.6%，岷江彭山站和高场站减少18.4%和13.8%，大渡河泸定站减少10.4%，嘉陵江北碚站减少55.6%，

乌江武隆站减少 31.2%，汉江皇庄站减少 57.5%，赣江外洲站增加 35.8%。太湖流域黄浦江松浦大桥站增加 0.8%。

与多年平均实测径流量相比，长江干流源区直门达站偏多 15.5%，上游向家坝站偏少 10.8%，寸滩站偏少 19.0%，中游宜昌站和汉口站偏少 18.0%和 15.4%，下游大通站偏少 15.1%；支流雅砻江泸宁站和米易站偏少 79.9%和 18.8%，岷江彭山站和高场站偏少 32.1%和 18.7%，大渡河泸定站偏少 1.1%，嘉陵江北碚站偏少 24.8%，乌江武隆站偏少 27.2%，汉江皇庄站偏少 31.2%，赣江外洲站偏少 3.1%。太湖流域黄浦江松浦大桥站偏多 20.7%。长江区部分代表站 2022 年、2021 年和多年平均逐月实测径流量见图 3-11。

7. 东南诸河区

2022 年，东南诸河区实测径流量与 2021 年相比，钱塘江兰溪站减少 5.6%，之江站减少 31.6%；瓯江鹤城站减少 6.7%；姚江大闸站减少 35.9%；椒江柏枝岙站减少 36.0%；闽江上游沙县（石桥）站增加 124%，下游竹岐站增加 51.3%；九龙江浦南站增加 168%。

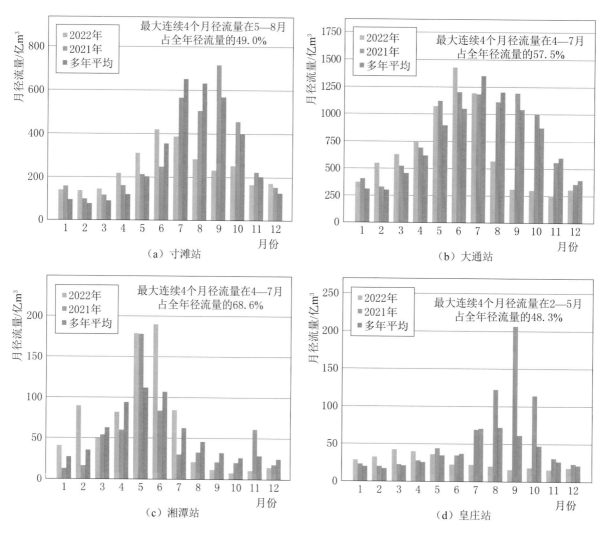

图 3-11（一） 长江区部分代表站 2022 年、2021 年和多年平均逐月实测径流量

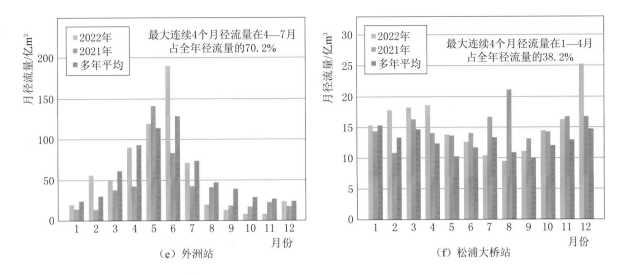

（e）外洲站　　　　　　　　　　（f）松浦大桥站

图 3-11（二）　长江区部分代表站 2022 年、2021 年和多年平均逐月实测径流量

与多年平均实测径流量相比，钱塘江兰溪站偏多 6.6%，之江站偏少 19.8%；瓯江鹤城站偏少 8.9%；姚江大闸站偏少 26.3%；椒江柏枝岙站偏少 17.1%；闽江上游沙县（石桥）站偏多 0.5%，下游竹岐站偏多 5.7%；九龙江浦南站偏少 10.2%。东南诸河区部分代表站 2022 年、2021 年和多年平均逐月实测径流量见图 3-12。

8. 珠江区

2022 年，珠江区实测径流量与 2021 年相比，西江上游小龙潭站增多 31.8%，中游迁江站增加 35.4%，下游梧州站增加 57.4%，支流郁江南宁站增加 61.5%，柳江柳州站增加 16.6%。北江石角站增加 143%。东江博罗站增加 139%。韩江潮安站增加 206%。南渡江龙塘站增加 51.3%。

与多年平均实测径流量相比，西江上游小龙潭站偏少 31.2%，中游迁江站偏少 6.0%，下游梧州站偏多 7.1%，支流郁江南宁站偏少 3.8%，柳江柳州站偏多 6.9%。珠江区其他河流中，东江博罗站偏少 19.9%，北江石角站偏多 35.2%，韩江潮安站偏少 10.3%。

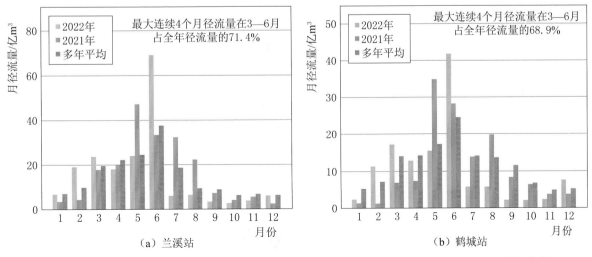

（a）兰溪站　　　　　　　　　　（b）鹤城站

图 3-12（一）　东南诸河区部分代表站 2022 年、2021 年和多年平均逐月实测径流量

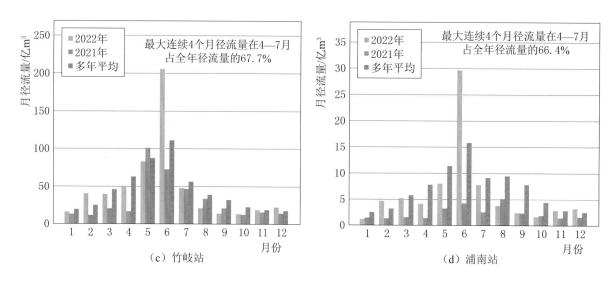

（c）竹岐站 （d）浦南站

图 3-12（二） 东南诸河区部分代表站 2022 年、2021 年和多年平均逐月实测径流量

海南岛南渡江龙塘站偏多 27.0%。珠江区部分代表站 2022 年、2021 年和多年平均逐月实测径流量见图 3-13。

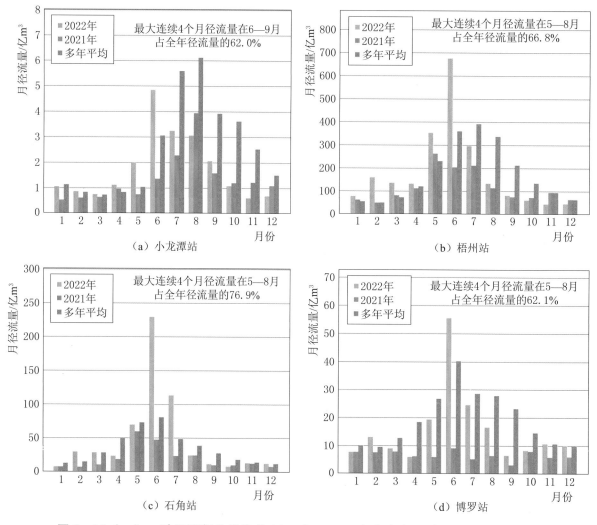

（a）小龙潭站 （b）梧州站

（c）石角站 （d）博罗站

图 3-13（一） 珠江区部分代表站 2022 年、2021 年和多年平均逐月实测径流量

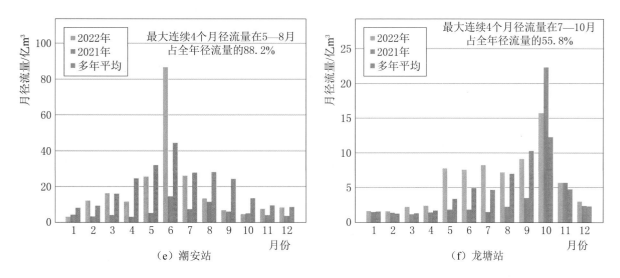

图 3-13（二） 珠江区部分代表站 2022 年、2021 年和多年平均逐月实测径流量

9. 西北诸河区

2022 年，西北诸河区实测径流量与 2021 年相比，塔里木河卡群站增加 43.9%、新渠满站增加 126%；开都河焉耆站减少 3.2%；格尔木河格尔木站减少 8.9%；黑河中游正义峡站增加 23.7%、下游莺落峡站增加 7.4%；疏勒河昌马堡站增加 6.1%。

与多年平均实测径流量相比，塔里木河卡群站偏多 33.3%、新渠满站偏多 132%；开都河焉耆站偏多 8.0%；格尔木河格尔木站偏多 13.3%；黑河中游正义峡站偏多 29.0%、下游莺落峡偏多 12.4%；疏勒河昌马堡站偏多 44.8%。西北诸河区部分代表站 2022 年、2021 年和多年平均逐月实测径流量见图 3-14。

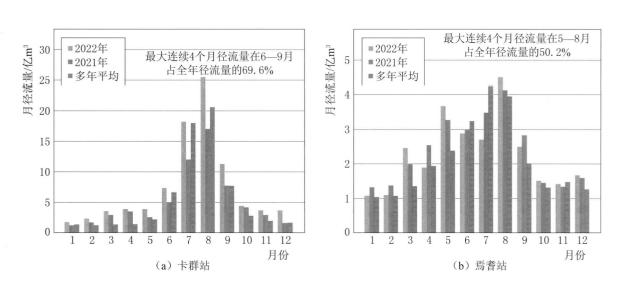

图 3-14（一） 西北诸河区部分代表站 2022 年、2021 年和多年平均逐月实测径流量

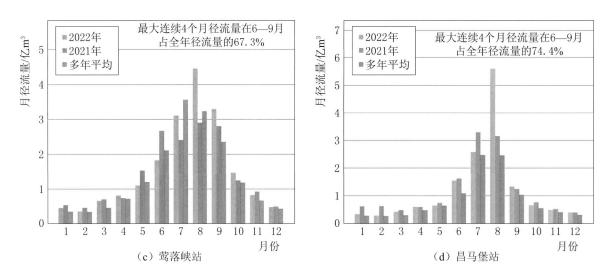

图 3－14（二）　西北诸河区部分代表站 2022 年、2021 年和多年平均逐月实测径流量

四、代表站水位流量过程

（一）松花江区

（1）江桥水文站，位于嫩江干流，2022 年逐日水位流量过程见图 3－15。2022 年 6—9 月，嫩江受降雨影响发生单峰洪水过程，江桥站最高水位为 139.17m，发生在 7 月 26 日，最大洪峰流量为 3070m³/s，发生在 7 月 24 日。江桥站全年最低水位为 134.66m，发生在 11 月 21 日，最小流量为 93.9m³/s，发生在 12 月 11 日。江桥站年平均水位为 135.87m，年平均流量为 636m³/s，年径流总量为 200.7 亿 m³（在 81 年实测系列中排第 40 位）。

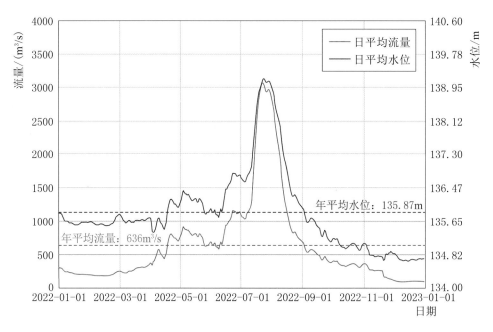

图 3－15　江桥站 2022 年逐日水位流量过程

（2）哈尔滨水文站，位于松花江干流，2022年逐日水位流量过程见图3-16。2022年6—9月，嫩江、第二松花江来水在哈尔滨站发生单峰洪水过程，最高水位为117.1m，发生在8月13日，最大洪峰流量为5620m³/s，发生在8月11日。哈尔滨站最低水位为115.35m，发生在12月5日，最小流量为469m³/s，发生在2月20日。哈尔滨站年平均水位116.13m，年平均流量为1560m³/s，年径流量为491.2亿m³（在119年实测年径流量系列中排第28位）。

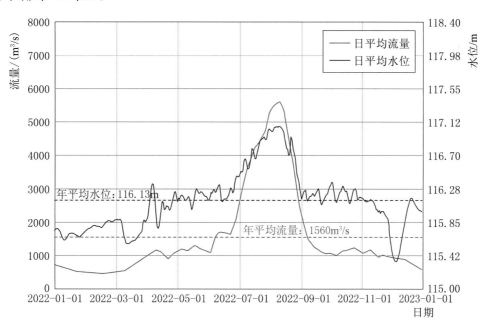

图3-16　哈尔滨站2022年逐日水位流量过程

（二）辽河区

（1）铁岭水文站，位于辽河干流，2022年逐日水位流量过程见图3-17。2022年7月，受降雨影响辽河发生1次编号洪水，铁岭站最高水位为60.53m，最大洪峰流量为2830m³/s，发生在7月18日。铁岭站全年最低水位为52.38m，发生在12月31日，最小流量为34.2m³/s，发生在2月28日。铁岭站年平均水位为52.99m，年平均流量为290m³/s，年径流量为91.43亿m³（在70年的实测年径流量系列中排第2位）。

（2）韩家杖子水文站，位于辽河区绕阳河，2022年逐日水位流量过程见图3-18。2022年6月上旬至8月中旬，受较大降水过程影响绕阳河韩家杖子站发生10次洪水过程，其中7月28日洪水过程的水位和流量均为1951年有实测资料以来的最大值，最高水位为113.53m，最大洪峰流量为2590m³/s，发生在7月28日。韩家杖子站因河道冻结导致年最小流量为0m³/s，年平均流量为8.07m³/s，年径流量为2.54亿m³。

（三）海河区

（1）观台水文站，位于海河区西南部漳卫南运河水系的漳河，2022年逐日水位流量过程见图3-19。观台水文站全年最高水位为148.53m，发生在1月10日，最大洪峰流量为229m³/s，发生在10月4日；最低水位为河干，发生在6月15日；年平均流量为

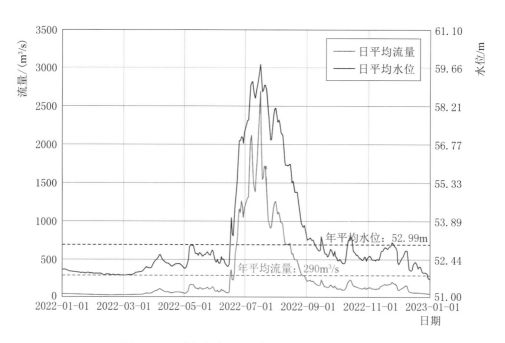

图 3-17 铁岭站 2022 年逐日水位流量过程

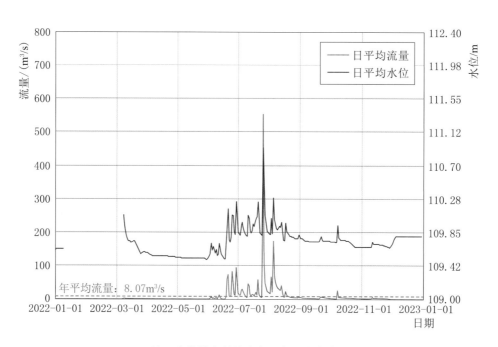

注：水位线中断处为当日发生连底冻。

图 3-18 韩家杖子站 2022 年逐日水位流量过程

25.4m³/s，年径流总量为 8.022 亿 m³（在 98 年实测年径流量系列中排第 38 位）。

（2）元村集水文站，位于海河区西南部漳卫南运河水系的卫河，2022 年逐日水位流量过程见图 3-20。元村集水文站全年最高水位为 44.16m，发生在 7 月 8 日，最大洪峰流量为 339m³/s，发生在 7 月 7 日；最低水位为河干，发生在 6 月 18 日；年平均流量为 71.9m³/s，年径流总量为 22.66 亿 m³。

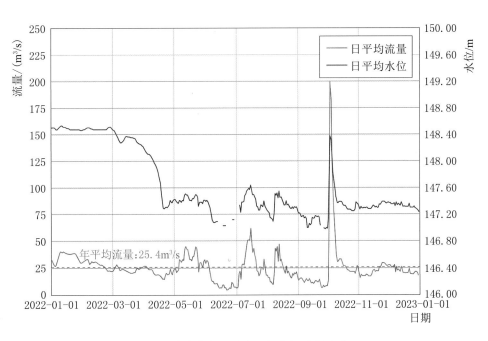

注：水位线中断处为当日部分河干或河干。

图 3-19　观台站 2022 年逐日水位流量过程

图 3-20　元村集站 2022 年逐日水位流量过程

（四）黄河区

（1）华县水文站，位于黄河支流渭河，2022 年逐日水位流量过程见图 3-21。华县水文站全年最高水位为 342.09m，最大洪峰流量为 2020m³/s，发生在 7 月 17 日，最小流量为 34.6m³/s，发生在 8 月 18 日，年平均流量为 174m³/s，年径流总量为 54.99 亿 m³（在 73 年实测年径流量系列中排第 42 位）。

（2）利津水文站，位于黄河干流下游，2022 年逐日水位流量过程见图 3-22。利津水

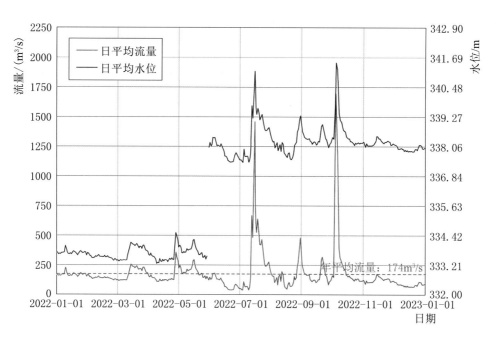

注：华县水文站6月后采用不同水位观测断面。

图 3-21　华县站 2022 年逐日水位流量过程

文站全年最高水位为 11.39m，最大洪峰流量为 4030m³/s，发生在 7 月 2 日；最低水位为 8.10m，发生在 6 月 22 日；最小流量为 190m³/s，发生在 5 月 6 日；年平均水位为 8.95m，年平均流量为 827m³/s，年径流总量为 260.9 亿 m³（在 73 年实测年径流量系列中排第 17 位）。

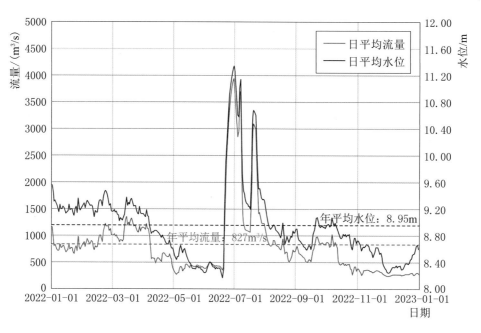

图 3-22　利津站 2022 年逐日水位流量过程

（五）淮河区

鲁台子水文站，位于淮河干流，2022年逐日水位流量过程见图3-23。鲁台子水文站全年最高水位为20.40m，发生在3月28日，最大洪峰流量为3200m³/s，发生在3月27日；最低水位为16.78m，发生在6月23日；最小流量为13.5m³/s，发生在9月15日；年平均水位为18.16m，年平均流量为332m³/s，年径流总量为104.8亿m³（在72年实测年径流量系列中排第57位）。

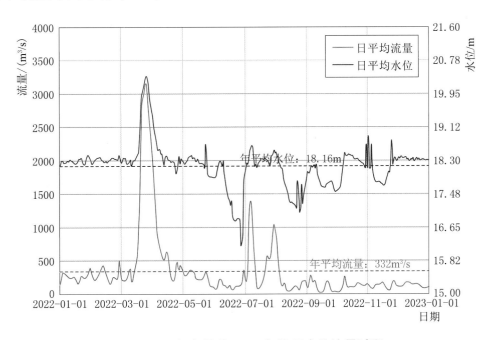

图3-23　鲁台子站2022年逐日水位流量过程

（六）长江区

（1）寸滩水文站，位于长江干流三峡水库上游，2022年逐日水位流量过程见图3-24。寸滩水文站全年最高水位为172.91m，最大洪峰流量为29600m³/s，发生在6月28日；最低水位为160.68m，发生在9月12日；最小流量为4450m³/s，发生在1月5日；年平均水位为165m，年平均流量为9040m³/s，年径流总量为2851亿m³（在130年的实测年径流系列中排第122位）。

（2）大通水文站，位于长江干流下游，2022年逐日水位流量过程见图3-25。大通水文站全年最高水位为13.38m，最大洪峰流量为61800m³/s，发生在6月24日；最低水位为3.91m，发生在11月16日；最小流量为6400m³/s，发生在9月15日；年平均水位为7.4m，年平均流量为24500m³/s，年径流总量为7712亿m³（在1923年以来有实测资料的80年径流量系列中排第70位）。

（3）皇庄水文站，位于汉江干流，2022年逐日水位流量过程见图3-26。皇庄水文站全年最高水位为43.72m，最大洪峰流量为3460m³/s，发生在3月23日；最低水位为38.47m，最小流量为421m³/s，发生在10月23日；年平均水位40.22m，年平均流量为990m³/s，年径流总量为312.3亿m³（在1938年以来有实测资料的69年径流量系列中

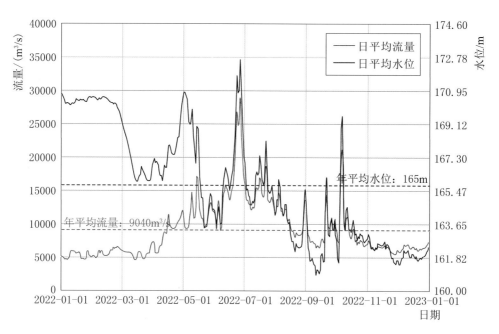

图 3‑24 寸滩站 2022 年逐日水位流量过程

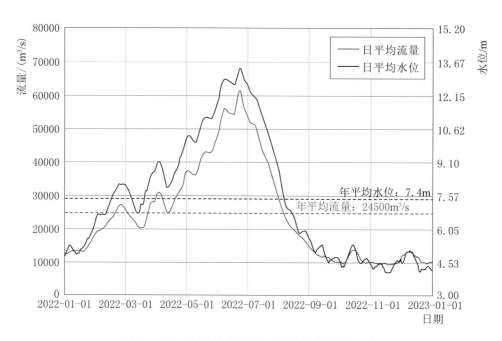

图 3‑25 大通站 2002 年逐日水位流量过程

排第 60 位）。

（七）东南诸河区

（1）兰溪水文站，位于钱塘江干流，2022 年逐日水位流量过程见图 3‑27。兰溪水文站全年最高水位为 11.01m，最大洪峰流量为 12800m³/s，发生在 6 月 21 日；最低水位为 2.12m，发生在 5 月 24 日；最小流量为 0m³/s，发生在 1 月 1 日；年平均水位 3.22m，年平均流量为 597m³/s，年径流总量为 188.2 亿 m³（在 1950 年以来有实测资料的 58 年径流量系列中排第 25 位）。

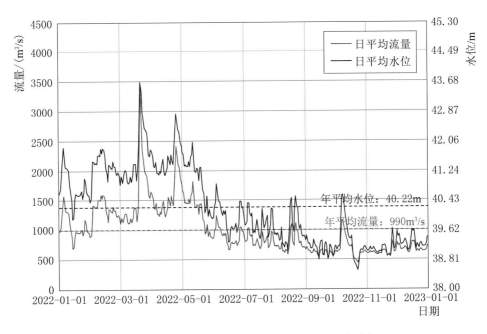

图 3－26 皇庄站 2022 年逐日水位流量过程

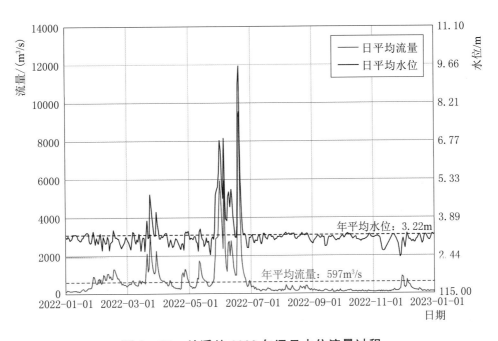

图 3－27 兰溪站 2022 年逐日水位流量过程

（2）竹岐水文站，位于闽江干流下游，2022 年逐日水位流量过程见图 3－28。竹岐水文站全年最高水位为 10.55m，最大流量为 19200m³/s，发生在 6 月 14 日；最低水位为 1.50m，发生在 12 月 20 日；最小流量（潮流量）为－4020m³/s，发生在 9 月 12 日；年平均水位为 3.72m，年平均流量为 1810m³/s，年径流总量为 570.2 亿 m³（在 73 年实测年径流系列中排第 28 位）。

（八）珠江区

（1）梧州水文站，位于西江干流下游，2022 年逐日水位流量过程见图 3－29。2022

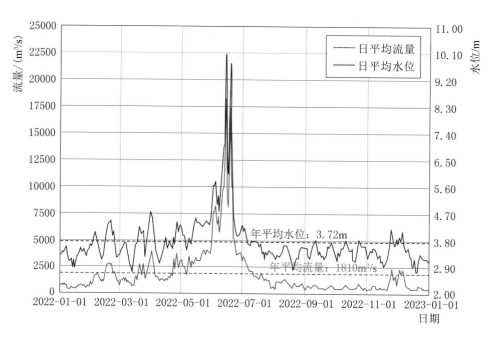

图 3-28 竹岐站 2022 年逐日水位流量过程

年 5—6 月，西江受降雨影响在梧州断面形成 4 次编号洪水过程，梧州站最高水位为 22.31m，发生在 6 月 15 日，最大洪峰流量为 35200m³/s，发生在 6 月 14 日。最低水位为 1.37m，发生在 11 月 13 日，最小流量为 675m³/s，发生在 11 月 14 日，年平均水位为 6.15m，年平均流量为 6890m³/s，年径流总量为 2171 亿 m³（在 82 年实测年径流量系列中排第 30 位）。

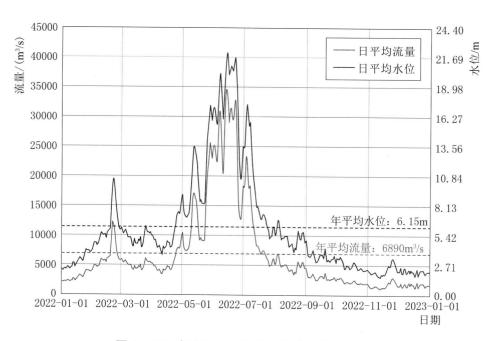

图 3-29 梧州站 2022 年逐日水位流量过程

（2）石角水文站，位于北江干流，2022 年逐日水位流量过程见图 3-30。2022 年 6

月，受降水影响北江发生 3 次编号洪水，在石角水文站形成的最高水位为 12.24m，最大流量为 19500m³/s，发生在 6 月 22 日，洪峰流量为 1936 年有实测资料以来第 1 位。石角站全年最低水位为 −0.72m，发生在 12 月 17 日，最小流量为 51.3m³/s，发生在 9 月 30日，年平均水位为 1.51m，年平均流量为 1790m³/s，年径流总量为 565.1 亿 m³（在 69年实测年径流量系列中排第 8 位）。

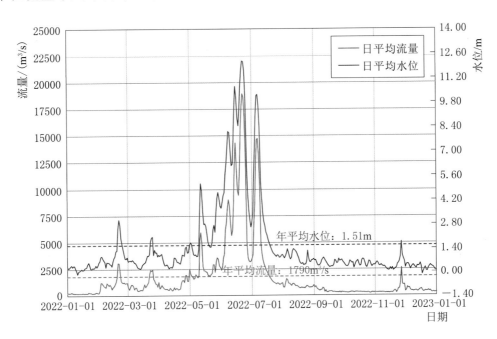

图 3 - 30 石角站 2022 年逐日水位流量过程

黄河湾（龙虎 摄）

第四章
泥　沙

一、概述

2022 年，我国主要河流总输沙量为 3.90 亿 t，较 2021 年输沙量 3.31 亿 t 增加 17.8％，与近 10 年平均输沙量 3.81 亿 t 基本持平，较多年平均年输沙量 14.5 亿 t 偏少 73.1％。我国主要河流平均输沙模数为 98.3t/(a・km²)，较 2021 年输沙模数 83.5 t/(a・km²) 增加 17.7％，较多年平均年输沙模数 365 t/(a・km²) 偏少 73.1％。

2022 年，我国主要河流泥沙代表站中，黄河潼关站的平均含沙量最大，为 7.70kg/m³，较 2021 年含沙量 4.33kg/m³ 增加 77.8％，较多年平均含沙量 27.5kg/m³ 偏少 72.0％。疏勒河和塔里木河主要泥沙水文站平均含沙量次之，分别为 4.08kg/m³ 和 3.95kg/m³，其他河流泥沙代表站平均含沙量均不到 1.0kg/m³。

二、主要河流输沙量

2022 年，我国主要河流总输沙量为 3.90 亿 t，主要河流输沙量的空间分布差异大。其中，长江大通站和黄河潼关站的年输沙量分别为 0.665 亿 t 和 2.03 亿 t，占全国主要河流总输沙量的 17.1％ 和 52.1％，淮河区、海河区和青海湖区代表站的年输沙量分别为 95.4 万 t、95.1 万 t 和 94.3 万 t，均占全国主要河流总输沙量的 0.24％。2022 年全国主要河流平均年输沙量、年平均含沙量、输沙模数等及其与 2021 年和多年平均值比较情况见表 4－1。

与 2021 年相比，长江大通站的输沙量减少 34.8％，黄河潼关站的输沙量增多 18.7％，淮河区、海河区、松花江区、钱塘江区的输沙量减少 29.9％～90.4％，西北诸河区黑河莺落峡站的输沙量增多 4900％，其他一级区的输沙量增多 57.7％～543％；长江大通站的平均含沙量减少 18.5％，黄河潼关站的平均含沙量增多 77.8％，淮河区、海河区、松花江区、钱塘江的平均含沙量减少 17.7％～77.2％，

表 4－1

2022年全国主要河流泥沙特征值

河流	站名	控制流域面积/万km²	年平均含沙量/(kg/m³)				年输沙量/万t				输沙模数/[t/(a·km²)]				年平均中数粒径/mm			年径流量/亿m³			
			2022年	2021年	近10年均	多年平均	2022年	2021年	近10年均	多年平均	2022年	2021年	近10年均	多年平均	2022年	2021年	多年平均	2022年	2021年	近10年均	多年平均
长江	大通	170.54	0.086	0.106	0.123	0.392	6650	10200	11300	35100	39.0	59.8	66.3	206	0.021	0.021	0.011	7712	9646	9166	8983
黄河	潼关	68.22	7.70	4.33	5.95	27.5	20300	17100	18200	92100	298	251	266.8	1350	0.012	0.015	0.021	263.8	395.1	305.8	335.3
淮河 干流	蚌埠	12.13	0.070	0.112	0.135	0.309	82.1	444	328	808	6.77	36.6	27.0	66.6				118.0	397.7	243.6	261.7
沂河	临沂	1.03	0.051	0.043	0.268	0.932	13.3	12.7	42.0	189	12.9	12.3	40.8	183				26.18	29.73	15.70	20.28
小计		13.16	0.066	0.107	0.143	0.354	95.4	457	370	997	7.25	34.7	28.1	75.8				144.2	427.4	259.3	282.0
海河 桑干河	石匣里	2.36	0.079	1.19	0.330	19.4	3.20	28.5	5.57	776	1.36	12.1	2.36	329	0.013	0.006	0.029	4.041	2.398	1.689	4.009
洋河	响水堡	1.45	0.000	0.000	0.000	18.1	0.000	0.000	0.000	531	0.000	0.000	0.000	366			0.027	0.4151	0.4137	0.3567	2.938
滦河	滦县	4.41	0.030	0.004	0.030	2.70	5.34	1.70	4.80	785	1.21	0.385	1.09	178			0.028	17.71	46.97	16.14	29.12
潮河	下会	0.53	0.000	0.353	0.180	2.96	0.000	23.9	3.03	67.8	0.000	45.1	5.72	128				1.239	6.776	1.686	2.294
白河	张家坟	0.85	0.000	0.273	0.127	2.30	0.000	21.7	3.59	108	0.000	25.5	4.22	127				1.745	7.948	2.825	4.695
沙河	阜平	0.22	0.134	0.524	1.57	1.83	4.24	25.1	36.2	44.3	19.3	114	165	200	0.008	0.013	0.031	3.171	4.787	2.307	2.419
滹沱河	小觉	1.40	1.04	0.939	1.11	10.3	44.0	31.7	20.7	578	31.4	22.6	14.8	413			0.029	4.226	3.376	1.871	5.624
漳河	观台	1.78	0.111	3.02	2.29	8.31	6.78	794	125	681	3.81	446	70.2	383			0.027	6.072	26.31	5.453	8.197
卫河	元村集	1.43	0.139	0.140	0.133	1.38	31.5	65.8	15.6	198	22.0	46.0	10.9	138				22.66	46.86	11.77	14.38
小计		14.43	0.155	0.680	0.486	5.12	95.1	992	214	3770	6.59	68.8	14.9	261				61.28	145.8	44.10	73.68

续表

河流	站名	控制流域面积/万km²	年平均含沙量/(kg/m³) 2022年	2021年	近10年均	多年平均	年输沙量/万t 2022年	2021年	近10年均	多年平均	输沙模数/[t/(a·km²)] 2022年	2021年	近10年均	多年平均	年平均中数粒径/mm 2022年	2021年	多年平均	年径流量/亿m³ 2022年	2021年	近10年均	多年平均
西江	高要	35.15	0.118	0.033	0.081	0.258	2770	474	1820	5650	78.8	13.5	51.8	161				2348	1436	2246	2186
北江	石角	3.84	0.162	0.067	0.109	0.127	915	156	467	525	238	40.6	122	137				565.1	232.9	426.9	417.8
东江	博罗	2.53	0.066	0.009	0.045	0.094	123	6.96	97.3	217	48.6	2.75	38.5	85.5				185.9	77.73	216.8	232.0
韩江	潮安	2.91	0.164	0.009	0.087	0.227	364	6.78	198	557	125	2.33	68.0	191				222.2	72.59	228.5	245.5
南渡江	龙塘	0.68	0.019	0.017	0.045	0.058	13.6	8.03	23.7	33.0	20.0	11.8	34.9	48.6				71.59	47.32	52.34	56.38
珠江 小计		45.11	0.123	0.035	0.082	0.222	4190	652	2610	6980	92.9	14.5	57.8	155				3393	1867	3171	3138
松花江 干流	哈尔滨	38.98	0.073	0.116	0.090	0.140	359	957	438	570	9.21	24.6	11.2	14.6				491.2	826.9	485.8	407.4
呼兰河	秦家	0.98	0.039	0.064	0.066	0.077	4.89	16.3	17.6	17.0	4.99	16.6	18.0	17.3				12.49	25.49	26.77	22.01
牡丹江	牡丹江	2.22	0.247	0.100	0.227	0.207	167	56.4	139	105	75.2	25.4	62.6	47.3				67.72	56.39	61.12	50.80
松花江 小计		42.18	0.093	0.113	0.104	0.144	531	1030	595	692	12.6	24.4	14.1	16.4				571.4	908.8	573.7	480.2
辽河	铁岭	12.08	0.323	0.365	0.398	3.47	295	131	125	992	24.4	10.8	10.4	82.1	0.054	0.016	0.029	91.43	35.88	31.41	28.62
柳河	新民	0.56	5.63	3.03	5.71	16.6	214	57.3	75.1	331	382	102	134	591				3.799	1.890	1.316	1.988
浑河	邢家窝棚	1.11	0.276	0.153	0.168	0.376	101	34.1	34.0	72.7	91.0	30.7	30.6	65.5	0.052	0.034	0.044	36.64	22.28	20.19	19.31
太子河	唐马寨	1.12	0.132	0.124	0.115	0.391	58.6	50.4	27.5	94.7	52.3	45.0	24.9	84.6	0.085	0.018	0.036	44.37	40.74	23.84	24.23
辽河 小计		14.87	0.380	0.271	0.341	2.01	669	273	262	1490	45.0	18.4	17.6	100				176.2	100.8	76.76	74.15
兰江	兰溪	1.82	0.095	0.118	0.142	0.132	179	235	280	227	98.2	129	154	125				188.2	199.3	196.5	172.0
浦阳江	诸暨	0.17	0.044	0.071	0.059	0.134	4.27	9.15	7.53	16.0	24.8	53.2	44.3	94.1				9.811	12.90	12.66	11.91
曹娥江	上虞东山	0.44	0.044	0.079	0.086	0.093	11.6	33.6	28.6	32.1	26.5	76.9	65.0	73.0				26.64	42.58	33.45	34.38
钱塘江 小计		2.43	0.087	0.109	0.130	0.126	195	278	316	275	80.2	114	130	113				224.7	254.8	242.6	218.3

续表

河流	站名	控制流域面积/万km²	年平均含沙量/(kg/m³)				年输沙量/万t				输沙模数/[t/(a·km²)]				年平均中数粒径/mm			年径流量/亿m³			
			2022年	2021年	近10年均	多年平均	2022年	2021年	近10年均	多年平均	2022年	2021年	近10年均	多年平均	2022年	2021年	多年平均	2022年	2021年	近10年均	多年平均
闽江	竹岐	5.45	0.052	0.033	0.035	0.097	299	126	195	525	54.9	23.1	35.3	96.3				570.2	377.0	552.4	539.7
大樟溪	永泰（清水堰）	0.40	0.026	0.040	0.084	0.138	7.67	10.0	25.6	50.9	19.0	24.8	64.0	126				29.28	25.11	30.50	36.35
	小计	5.85	0.051	0.034	0.038	0.100	307	136	221	576	52.5	23.3	37.8	98.5				599.5	402.1	582.9	576.0
塔里木河 干流	阿拉尔	12.79	5.06	3.17	3.13	4.23	4900	1480	1630	1990								96.98	46.53	52.14	46.46
开都河	焉耆	2.25	0.024	0.008	0.070	0.230	6.50	2.34	1630	63.2								27.36	28.25	28.38	26.30
	小计	15.04	3.95	1.98	4.05	2.82	4910	1480	3260	2050	326	98.4	217	136				124.3	74.78	80.52	72.76
黑河	莺落峡	1.00	0.882	0.019	0.497	1.15	165	3.30	102	193	165	3.30	102	193				18.70	17.42	20.52	16.67
昌马河	昌马堡	1.10	4.65	3.37	3.25	3.38	692	473	478	348	629	432	435	316				14.89	14.03	14.71	10.29
党河	党城湾	1.43	2.26	0.891	1.36	1.96	106	33.4	57.6	73.0	74.1	23.3	40.3	51.0				4.692	4.033	4.234	3.734
	小计	2.53	4.08	2.80	2.83	3.00	798	506	536	421	315	200	212	166				19.58	18.06	18.94	14.02
布哈河	布哈河口	1.43	0.542	0.269	0.414	0.439	67.0	31.2	64.5	41.5	46.7	21.8	45.1	28.9				12.32	11.61	15.59	9.344
依克乌兰河	刚察	0.14	0.925	0.184	0.324	0.295	27.3	5.69	11.3	8.44	195	39.5	80.7	58.5				2.950	3.093	3.485	2.836
青海湖	小计	1.57	0.618	0.251	0.397	0.410	94.3	36.9	75.8	49.9	60.1	23.5	48.3	31.8				15.27	14.70	19.08	12.18
	全国合计	396.93	0.293	0.232	0.261	1.01	39000	33100	38100	145000	98.3	83.5	95.9	365				13320	14270	14560	14280

西北诸河区黑河莺落峡站的平均含沙量增多4558%，其他一级区的平均含沙量增多40.2%～251%。

与近10年平均值相比，长江大通站的输沙量偏少41.2%，黄河潼关站的输沙量偏多11.5%，淮河区、海河区、松花江区和钱塘江区的输沙量分别偏少74.2%、55.8%、10.7%和38.3%，其他区的输沙量偏多24.4%～156%；长江大通站的平均含沙量偏少30.2%，黄河潼关站的平均含沙量偏多29.4%，塔里木河的平均含沙量基本持平，淮河区、海河区、松花江区、钱塘江的平均含沙量分别偏少53.7%、68.1%、10.3%和33.2%，其他区的平均含沙量偏多11.5%～77.4%。

与多年平均值相比，长江大通站和黄河潼关站的输沙量分别偏少81.1%和78.0%，西北诸河区塔里木河、疏勒河和青海湖的输沙量偏多89.0%～140%，其他一级区的输沙量偏少14.5%～97.5%；长江大通站和黄河潼关站的平均含沙量分别偏少78.1%和72.0%，西北诸河区塔里木河、疏勒河和青海湖的平均含沙量偏多36.0%～50.7%，其他一级区的平均含沙量偏少23.3%～97.0%。

三、代表站输沙量

（一）全国代表站输沙量

综合考虑泥沙观测资料系列的长度、完整性与代表性，选择全国85个国家基本水文站作为主要代表站进行实测输沙量分析，具体见表4-2。

表4-2　　　　　　　　　　全国代表站年输沙量

分区	站　名	年输沙量/万t			2022年与2021年比较/%	2022年与多年平均比较/%
		2022年	2021年	多年平均		
松花江	江　桥	309	1190	219	−74.0	41.1
	大　赉	187	759	176	−75.4	6.3
	扶　余	134	51.6	189	160	−29.1
	哈尔滨	359	957	570	−62.5	−37.0
	秦　家	4.89	16.3	17.0	−70.0	−71.2
	牡丹江	167	56.4	105	196	59.0
辽河	兴隆坡	22.2	19.7	1150	12.7	−98.1
	巴林桥	164	248	388	−33.9	−57.7
	王　奔	121	43.8	41.7	176	190
	新　民	214	57.3	331	274	−35.3
	唐马寨	58.6	50.4	94.7	16.3	−38.1
	邢家窝棚	101	34.1	72.7	196	38.9
	铁　岭	295	131	992	125	−70.3
	六间房	642	236	337	172	90.5

续表

分区	站　名	年输沙量/万 t			2022 年与 2021 年比较/%	2022 年与多年平均比较/%
		2022 年	2021 年	多年平均		
海河	石匣里	3.20	28.5	776	−88.8	−99.6
	响水堡	0.000	0.000	531	0	−100
	雁翅	0.000	0.000	10.1	0	−100
	滦县	5.34	1.70	785	214	−99.3
	下会	0.000	23.9	67.8	−100	−100
	张家坟	0.000	21.7	108	−100	−100
	海河闸	0.000	0.131	6.02	−100	−100
	阜平	4.24	25.1	44.3	−83.1	−90.4
	小觉	44.0	31.7	578	38.8	−92.4
	观台	6.78	794	681	−99.1	−99.0
	元村集	31.5	65.8	198	−52.1	−84.1
黄河	唐乃亥	750	960	1200	−21.9	−37.5
	兰州	2470	580	6100	326	−59.5
	头道拐	2960	4610	9870	−35.8	−70.0
	龙门	17100	7630	63300	124	−73.0
	潼关	20300	17100	92100	18.7	−78.0
	小浪底	18900	7850	84400	141	−77.6
	花园口	15500	17700	79200	−12.4	−80.4
	高村	16000	26800	71000	−40.3	−77.5
	艾山	15100	26700	68600	−43.4	−78.0
	利津	12500	24300	63800	−48.6	−80.4
淮河	息县	23.5	30.2	191	−22.2	−87.7
	鲁台子	64.1	804	726	−92.0	−91.2
	蚌埠	82.1	444	808	−81.5	−89.8
	蒋家集	4.09	18.4	54.8	−77.8	−92.5
	阜阳	1.37	352	240	−99.6	−99.4
	蒙城	2.14	10.8	12.6	−80.2	−83.0
	临沂	13.3	12.7	189	4.7	−93.0
长江	直门达	779	1350	1000	−42.3	−22.1
	石鼓	690	2140	2680	−67.8	−74.3
	攀枝花	80.0	90.0	4300	−11.1	−98.1
	向家坝	80.0	110	20600	−27.3	−99.6
	朱沱	740	2290	25100	−67.7	−97.1

分区	站 名	年输沙量/万 t			2022 年与 2021 年比较/%	2022 年与多年平均比较/%
		2022 年	2021 年	多年平均		
长江	寸 滩	1450	7350	35300	−80.3	−95.9
	宜 昌	280	1110	37600	−74.8	−99.3
	沙 市	620	1780	32600	−65.2	−98.1
	汉 口	3630	6440	31700	−43.6	−88.5
	大 通	6650	10200	35100	−34.8	−81.1
东南诸河	衢 州	104		101	/	3.0
	兰 溪	179	235	227	−23.8	−21.1
	上虞东山	11.6	33.6	32.1	−65.5	−63.9
	诸 暨	4.27	9.15	16.0	−53.3	−73.3
	竹 岐	299	126	525	137	−43.0
	七里街	315	199	150	58.3	110
	洋 口	150	116	136	29.3	10.3
	沙县（石桥）	266	7.75	109	3332	144
	永泰（清水壑）	7.67	10.0	50.9	−23.3	−84.9
珠江	小龙潭	85.5	162	427	−47.2	−80.0
	大渡口	112	114	822	−1.8	−86.4
	迁 江	129	20.2	3280	539	−96.1
	柳 州	1130	572	570	97.6	98.2
	南 宁	190	57.8	770	229	−75.3
	大湟江口	1570	563	4760	179	−67.0
	平 乐	227	31.5	139	621	63.3
	梧 州	2250	396	5280	468	−57.4
	高 要	2770	474	5650	484	−51.0
	石 角	915	156	525	487	74.3
	博 罗	123	6.96	217	1667	−43.3
	潮 安	364	6.78	557	5269	−34.6
	龙 塘	13.6	8.03	33.0	69.4	−58.8
西北诸河	焉 耆	6.50	2.34	63.2	178	−89.7
	西大桥	4050	1150	1710	252	137
	卡 群	907	293	3070	210	−70.5
	同古孜洛克	2810	1700	1230	65.3	129
	阿拉尔	4900	1480	1990	231	146
	莺落峡	165	3.30	193	4900	−14.5

续表

分区	站 名	年输沙量/万 t			2022年与2021年比较/%	2022年与多年平均比较/%
		2022年	2021年	多年平均		
西北诸河	正义峡	91.5	33.4	138	174	—33.7
	昌马堡	692	473	348	46.3	98.9
	党城湾	106	33.4	73.0	217	45.2
	布哈河口	67.0	31.2	41.5	115	61.4
	刚 察	27.3	5.69	8.44	380	224

注：2021年衢州站因水文站现代化示范改造项目，泥沙观测停测1年。

2022年，全国主要代表站的输沙量与2021年度相比，增加、基本持平和减少的代表站分别占 48.2%、4.7% 和 47.1%，如图 4-1 所示。其中，长江区减少 11.1%～80.3%，松花江、辽河、淮河、珠江和西北诸河区以增加为主。

注：香港、澳门、台湾资料暂缺。

图 4-1　2022 年全国主要水文代表站实测输沙量与 2021 年偏差百分比

2022年，全国主要代表站的泥沙输沙量与多年平均值相比，大部分代表站实测输沙量偏少，偏多、基本持平和偏少的代表站分别占 22.3%、1.2% 和 76.5%，如图 4-2 所示。其中，长江区、黄河区和淮河区主要水文代表站年实测输沙量分别偏少 22.1%～99.6%、37.5%～80.4% 和 83.0%～99.4%。

图 4-2   2022 年全国主要水文代表站实测输沙量与多年平均值偏差百分比

（二）分区代表站输沙量

1. 松花江区

2022 年，松花江区实测输沙量与 2021 年相比，扶余和牡丹江站分别增加 160％和 196％。江桥、大赉、哈尔滨和秦家站分别减小 74.0％、75.4％、62.5％和 70.0％。

与多年平均值相比，江桥、大赉和牡丹江站分别偏多 41.1％、6.3％和 59.0％，扶余、哈尔滨和秦家站分别偏少 29.1％、37.0％和 71.2％。

松花江区代表站 4—9 月输沙量占全年的 89.2％～98.7％，其中哈尔滨和江桥站分别为 93.6％和 95.6％，两站实测输沙量逐月变化过程见图 4-3。

2. 辽河区

2022 年，辽河区实测输沙量与 2021 年相比，巴林桥站减少 33.9％，兴隆坡、王奔、新民、唐马寨、邢家窝棚、铁岭和六间房站年输沙量增加 12.7％（兴隆坡）～274％（新民）。

与多年平均值相比，兴隆坡、巴林桥、新民、唐马寨和铁岭站分别偏少 98.1％、57.7％、35.3％、38.1％和 70.3％，王奔、邢家窝棚和六间房站分别偏多 190％、38.9％和 90.5％。

辽河区代表站 6—8 月的输沙量占全年的 62.9％～100％，其中铁岭站和巴林桥站分

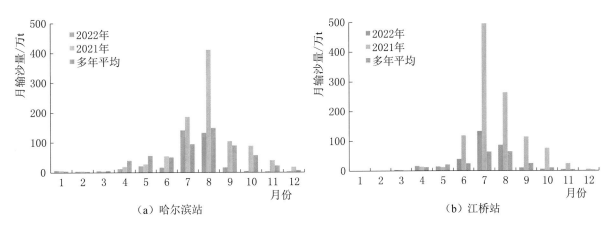

图 4-3 松花江区部分代表站 2022 年实测输沙量逐月变化过程

别为 85.9％和 72.3％，两站实测输沙量逐月变化过程见图 4-4。

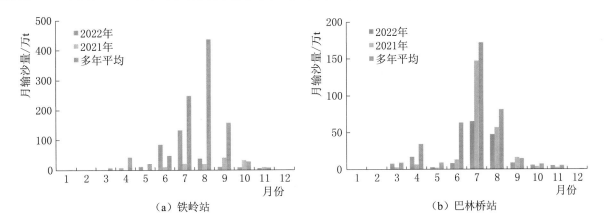

图 4-4 辽河区部分代表站 2022 年实测输沙量逐月变化过程

3. 海河区

2022 年，海河区实测输沙量与 2021 年相比，滦县站和小觉站输沙量分别增加 214％和 38.8％，下会、张家坟、海河闸和观台站减少近 100％，石匣里、阜平和元村集站分别减少 88.8％、83.1％和 52.1％，响水堡站和雁翅站 2022 年和 2021 年输沙量均近似为 0。

与多年平均实测输沙量相比，石匣里、响水堡、雁翅、滦县、下会、张家坟、海河闸和观台站均偏少近 100％，阜平、小觉和元村集站分别偏少 90.4％、92.4％和 84.1％。

受上游水库调水和拦沙影响，下会、张家坟、响水堡、雁翅和海河闸站的输沙量近似为 0，其他站 7—10 月的输沙量占全年的 92.7％～100％，其中石匣里站和滦县站为 96.6％和 100％，两站实测输沙量逐月变化过程见图 4-5。

4. 黄河区

2022 年，黄河区实测输沙量与 2021 年相比，兰州、龙门、潼关和小浪底站年输沙量分别增加 326％、124％、18.7％和 141％，唐乃亥、头道拐、花园口、高村、艾山和利津站减少 12.4％（花园口站）～48.6％（利津站）。

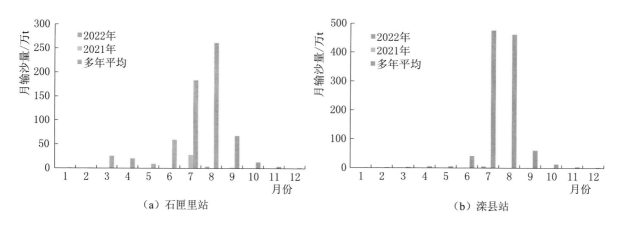

图 4-5 海河区部分代表站 2022 年实测输沙量逐月变化过程

与多年平均值相比，唐乃亥、兰州、头道拐、龙门、潼关、小浪底、花园口、高村、艾山和利津站偏少 37.5％（唐乃亥站）～80.4％（花园口、利津站）。

黄河干流代表站 7—10 月的输沙量占全年的 70.3％～100％，其中潼关和兰州站为 93.1％和 94.2％，两站实测输沙量逐月变化过程见图 4-6。

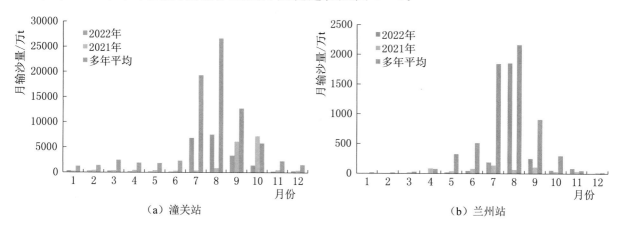

图 4-6 黄河区部分代表站 2022 年实测输沙量逐月变化过程

5. 淮河区

2022 年，淮河区实测输沙量与 2021 年相比，沂河临沂站基本持平，淮河息县、鲁台子、蚌埠（吴家渡）、蒋家集、阜阳和蒙城站输沙量减少 22.2％（息县站）～99.6％（阜阳站）。

与多年平均值相比，淮河区息县、鲁台子、蚌埠（吴家渡）、蒋家集、阜阳、蒙城和临沂站输沙量分别偏少 83.0％（蒙城站）～99.4％（阜阳站）。

淮河区主要水文代表站 3—7 月的输沙量占全年的 87.4％～100％，其中蚌埠（吴家渡）和息县站分别为 89.8％和 95.8％，两站实测输沙量逐月变化过程见图 4-7。

6. 长江区

2022 年，长江区实测输沙量与 2021 年相比，直门达、石鼓、攀枝花、向家坝、朱沱、寸滩、宜昌、沙市、汉口和大通站年输沙量减少 11.1％（攀枝花站）～80.3％（寸

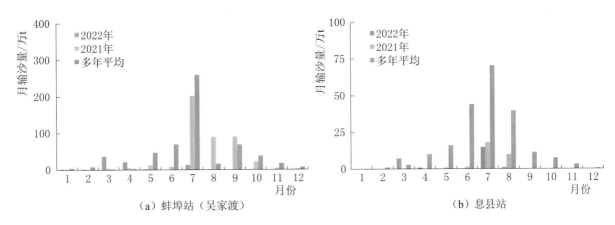

图4-7 淮河区部分水文代表站2022年实测输沙量逐月变化过程

滩站）。

与多年平均值相比，直门达、石鼓、攀枝花、向家坝、朱沱、寸滩、宜昌、沙市、汉口和大通站年输沙量偏少22.1%（直门达站）~99.6%（向家坝站）。

长江干流代表站5—10月的输沙量占全年的73.1%~95.7%，其中大通和宜昌站分别为75.6%和87.6%，两站实测输沙量逐月变化过程见图4-8。

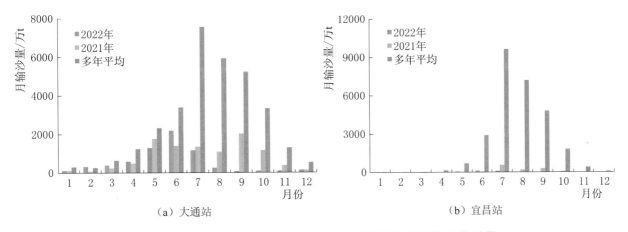

图4-8 长江区部分代表站2022年实测输沙量逐月变化过程

7. 东南诸河区

2022年，东南诸河区实测输沙量与2021年相比，钱塘江兰溪、上虞东山和诸暨站年输沙量分别减少23.8%、65.5%和53.3%；闽江永泰（清水壑）站年输沙量减少23.3%，竹岐、七里街、洋口和沙县（石桥）站分别增加137%、58.3%、29.3%和3332%。

与多年平均值相比，东南诸河中钱塘江流域，衢州站基本持平，兰溪、上虞东山和诸暨站分别偏少21.1%、63.9%和73.3%；闽江竹岐站和永泰（清水壑）站偏少43.0%和84.9%，洋口、七里街和沙县（石桥）站分别偏多10.3%、110%和144%。

东南诸河钱塘江代表站4—10月的输沙量占全年的77.2%~96.0%，其中兰溪站为85.4%；闽江代表站4—9月的输沙量占全年82.4%~99.0%，其中竹岐站为96.5%。兰溪站和竹岐站实测输沙量逐月变化过程见图4-9。

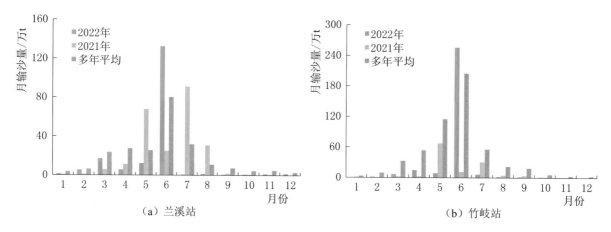

（a）兰溪站 （b）竹岐站

图4-9 东南诸河区部分代表站2022年实测输沙量逐月变化过程

8. 珠江区

2022年，珠江区实测输沙量与2021年相比，大渡口站基本持平，小龙潭站减少47.2%，迁江、柳州、南宁、大湟江口、平乐、梧州、高要、石角、博罗、潮安和龙塘站增加69.4%（龙塘站）～5269%（潮安站）。

与多年平均值相比，柳州、平乐和石角站分别偏多98.2%、63.3%和74.3%，小龙潭、大渡口、迁江、南宁、大湟江口、梧州、高要、博罗、潮安和龙塘站偏少34.6%（潮安站）～96.1%（迁江站）。

珠江区代表站5—10月的输沙量占全年的86.7%～99.9%，其中高要和博罗站分别为96.7%和96.1%，两站实测输沙量逐月变化过程见图4-10。

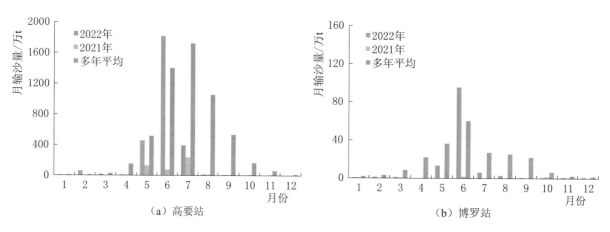

（a）高要站 （b）博罗站

图4-10 珠江区部分代表站2022年实测输沙量逐月变化过程

9. 西北诸河区

2022年，西北诸河区实测输沙量与2021年相比，阿拉尔、焉耆、西大桥（新大河）、卡群和同古孜洛克站年输沙量分别增加65.3%（同古孜洛克站）～252%（西大桥站）；莺落峡站和正义峡站年输沙量分别增加4900%和174%；昌马堡站和党城湾站年输沙量分别增加 46.3% 和 217%；布哈河口站和刚察站年输沙量分别增加 115% 和 380%。

与多年平均值相比，阿拉尔、西大桥（新大河）和同古孜洛克站分别偏多 146%、137% 和 129%；焉耆和卡群站分别偏少 89.7% 和 70.5%；莺落峡和正义峡站分别偏少 14.5% 和 33.7%；昌马堡和党城湾站分别偏多 98.9% 和 45.2%；布哈河口和刚察站分别偏多 61.4% 和 224%。

西北诸河区塔里木河代表站 6—9 月的输沙量占全年的 65.3%～98.3%，其中阿拉尔站为 96.2%；莺落峡和正义峡站 5—10 月输沙量分别占全年的 100% 和 93.1%；昌马堡和党城湾站 5—10 月的输沙量分别占全年的 100% 和 85.9%；布哈河口和刚察站 6—10 月的输沙量分别占全年的 99.9% 和 99.8%。阿拉尔和莺落峡站实测输沙量逐月变化过程见图 4-11。

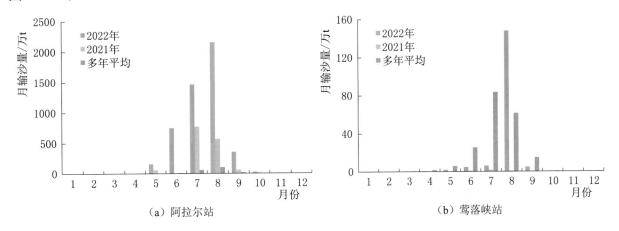

图 4-11　西北诸河区部分代表站 2022 年实测输沙量逐月变化过程

珠江源（王永勇 摄）

第五章
地下水

一、概述

根据全国 19191 个地下水站 2022 年 12 月及 2021 年同期监测成果，46.9％的监测站水位呈弱上升或上升态势，43.9％的浅层地下水、57.9％的深层地下水、48.7％的裂隙水和 42.6％的岩溶水监测站呈弱上升或上升态势。各类型地下水水位 2022 年 12 月较 2021 年同期变化情况见表 5-1。

表 5-1　各类型地下水水位 2022 年 12 月较 2021 年同期变化情况

类型分级		站点总数/个	水位上升站点占比/％			水位弱上升站点占比/％	水位弱下降站点占比/％	水位下降站点占比/％		
			>2m	1m< ~ ≤2m	0.5m< ~ ≤1m	0≤ ~ ≤0.5m	-0.5m≤ ~ <0	-1m ~ <-0.5m	-2m≤ ~ <-1m	<-2m
孔隙水	浅层	12363	6.7	6.4	8.3	22.5	27.3	12.5	9.7	6.6
	深层	3645	18.2	10.8	10.6	18.3	16.7	8.8	8.2	8.4
裂隙水		1974	5.1	4.9	8.0	30.7	28.8	10.2	6.6	5.7
岩溶水		1209	11.0	6.5	7.0	18.1	24.2	9.2	8.6	15.4
合　计		19191	8.9	7.1	8.6	22.3	25.3	11.4	9.0	7.4

二、一级区地下水动态

2022 年 12 月与 2021 年同期相比，东南诸河区、珠江区、海河区、辽河区 4 个一级区超半数以上地下水站水位呈弱上升或上升态势，占比分别为 72.7％、60.5％、59.6％和 54.7％，西北诸河区地下水站水位呈弱上升或上升态势的占比仅为 33.0％。各一级区地下水 2022 年 12 月较 2021 年同期水位变化情况见图 5-1。

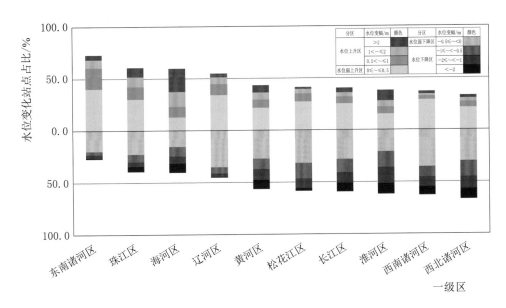

图 5 - 1　一级区地下水站 2022 年 12 月较 2021 年同期水位变化

2022 年 12 月与 2021 年同期相比，在 29 个开展浅层地下水监测的省份中，福建、北京、广东、海南、浙江、广西、吉林、山西、江苏、山东、江西、河北 12 个省份超半数以上地下水站水位呈弱上升或上升态势；在 21 个开展深层地下水监测的省份中，广东、海南、天津、山东、北京、浙江、河北、吉林、江苏、上海、宁夏、广西、山西 13 个省份超半数以上地下水站水位呈弱上升或上升态势；在 19 个开展裂隙水监测的省份中，广西、吉林、福建、广东、海南、浙江、江西、辽宁、陕西 9 个省份超半数以上地下水站水位呈弱上升或上升态势；在 13 个开展岩溶水监测的省份中，广东、江西、北京、山西 4 省份超半数以上地下水站水位呈弱上升或上升态势。部分省份各类型地下水站 2022 年 12 月较 2021 年同期水位变化情况见图 5 - 2。

三、主要平原及盆地地下水动态

全国主要平原及盆地 2021 年 12 月、2022 年 12 月地下水平均埋深及同比水位变幅情况见表 5 - 2。

（1）浅层地下水。2022 年 12 月与 2021 年同期相比，在 29 个监测浅层地下水的主要平原及盆地中，忻定盆地、雷州半岛平原浅层地下水水位呈上升态势，分别上升 0.8m、0.6m；三江平原、内蒙古河套平原、陕西关中平原、宁夏银川卫宁平原、浙东沿海平原、广东珠江三角洲平原、大同盆地、长江三角洲平原、穆棱兴凯平原、辽河平原、琼北台地平原、海河平原、临汾盆地共 13 个平原及盆地浅层地下水水位呈弱上升态势；鄱阳湖平原、松嫩平原、黄淮平原、长治盆地、成都平原、新疆塔里木盆地呈弱下降态势；青海柴达木盆地、河南南襄山间平原区、内蒙古呼包平原、江汉平原、太原盆地、运城盆地、甘肃河西走廊平原、新疆准噶尔盆地浅层地下水水位呈下降态势，其中青海柴达木盆地下降 2.9m，河南南襄山间平原区下降 2.5m。

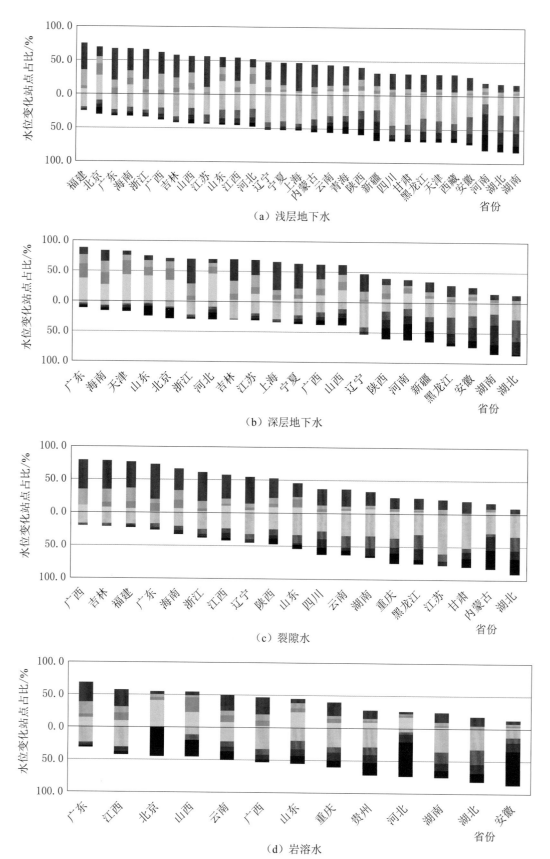

（a）浅层地下水

（b）深层地下水

（c）裂隙水

（d）岩溶水

图 5－2　部分省份各类型地下水站 2022 年 12 月较 2021 年同期水位变化

表 5 - 2   全国主要平原及盆地 2021 年 12 月、2022 年 12 月地下水平均
埋深及同比水位变幅

一级区	平原名称	浅层地下水平均埋深 /m		浅层地下水水位变幅 /m	深层地下水平均埋深 /m		深层地下水水位变幅 /m
		2021年12月	2022年12月		2021年12月	2022年12月	
松花江区	三江平原	8.3	8.3	0	9.7	9.7	0
	松嫩平原	7.2	7.5	-0.3	8.3	8.6	-0.3
	穆棱兴凯平原	5.1	4.9	0.2	2.7	2.6	0.1
辽河区	辽河平原	4.3	4.1	0.2	3.0	2.9	0.1
海河区	海河平原	12.1	11.8	0.3	44.9	43.3	1.6
	大同盆地	17.1	17.0	0.1	28.7	28.0	0.7
	忻定盆地	16.7	15.9	0.8	14.7	13.7	1.0
	长治盆地	9.5	9.7	-0.2	13.9	14.4	-0.5
黄河区、淮河区	黄淮平原	4.0	4.3	-0.3	20.8	20.6	0.2
黄河区	运城盆地	21.0	21.6	-0.6	73.9	74.2	-0.3
	临汾盆地	19.3	18.9	0.4	53.1	50.9	2.2
	太原盆地	20.2	20.9	-0.7	28.1	27.2	0.9
	内蒙古呼包平原	13.2	14.0	-0.8			
	内蒙古河套平原	7.1	7.0	0.1			
	陕西关中平原	36.5	36.5	0	38.1	39.0	-0.9
	宁夏银川卫宁平原	6.1	6.1	0	5.9	5.6	0.3
长江区	江汉平原	4.7	5.5	-0.8	4.4	5.0	-0.6
	鄱阳湖平原	5.0	5.5	-0.5	13.5	15.0	-1.5
	长江三角洲平原	3.3	3.2	0.1	9.4	8.9	0.5
	河南南襄山间平原区	8.0	10.5	-2.5	14.0	16.3	-2.3
	成都平原	5.1	5.3	-0.2	4.4	5.9	-1.5
东南诸河区	浙东沿海平原	4.7	4.7	0	9.0	8.5	0.5
珠江区	广东珠江三角洲平原	3.4	3.4	0			
	雷州半岛平原	4.4	3.8	0.6	18.1	15.8	2.3
	琼北台地平原	9.9	9.7	0.2	20.3	18.8	1.5
西北诸河区	甘肃河西走廊平原	27.8	28.4	-0.6	6.4	6.4	0
	青海柴达木盆地	9.7	12.6	-2.9			
	新疆塔里木盆地	12.4	12.6	-0.2	15.2	15.5	-0.3
	新疆准噶尔盆地	27.3	27.9	-0.6	33.5	35.4	-1.9

（2）深层地下水。2022年12月与2021年同期相比，在25个监测深层地下水的主要平原及盆地中，大同盆地、太原盆地、忻定盆地、琼北台地平原、海河平原、临汾盆地、雷州半岛平原深层地下水水位呈上升态势，上升幅度为0.7～2.3m；甘肃河西走廊平原、三江平原、穆棱兴凯平原、辽河平原、黄淮平原、宁夏银川卫宁平原、浙东沿海平原、长江三角洲平原呈弱上升态势；长治盆地、运城盆地、松嫩平原、新疆塔里木盆地呈弱下降态势；河南省南襄山间平原区、新疆准噶尔盆地、鄱阳湖平原、成都平原、陕西关中平原、江汉平原深层地下水水位呈下降态势，其中河南省南襄山间平原区下降2.3m。

辽河平原2022年12月浅层地下水平均埋深4.1m，与2021年同期相比浅层地下水水位上升0.2m，地下水水位上升区面积占比为16.2%，弱上升区面积占比为48.8%，水位弱下降区面积占比为34.5%，水位下降区面积占比为0.5%，辽河平原2022年12月浅层地下水埋深及与2021年同期相比浅层地下水水位变化分布见图5-3。

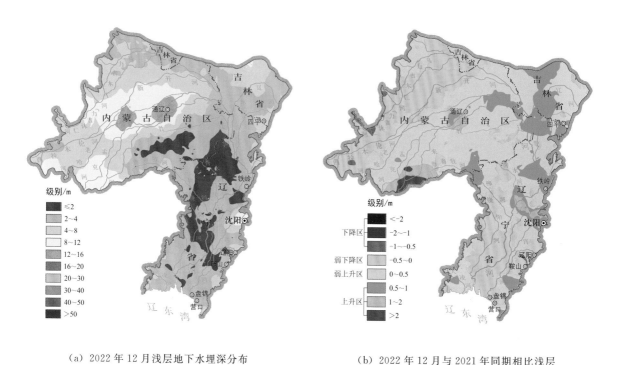

（a）2022年12月浅层地下水埋深分布　　　　（b）2022年12月与2021年同期相比浅层
地下水水位变化分布

图5-3　辽河平原2022年12月浅层地下水埋深
及与2021年同期相比浅层地下水水位变化分布

海河平原2022年12月浅层地下水平均埋深11.8m，与2021年同期相比浅层地下水水位上升0.3m，地下水水位上升区面积占比为38.6%，弱上升区面积占比为19.0%，水位弱下降区面积占比为25.3%，水位下降区面积占比为17.1%，海河平原2022年12月浅层地下水埋深及与2021年同期相比浅层地下水水位变化分布见图5-4。

与2021年相比京津冀平原区2022年浅层地下水蓄变量增加32.84亿m³，其中北京市平原区浅层地下水蓄变量增加 3.80 亿 m³，天津市平原区浅层地下水蓄变量减少 0.89 亿 m³，河北省平原区浅层地下水蓄变量增加 29.93 亿 m³。

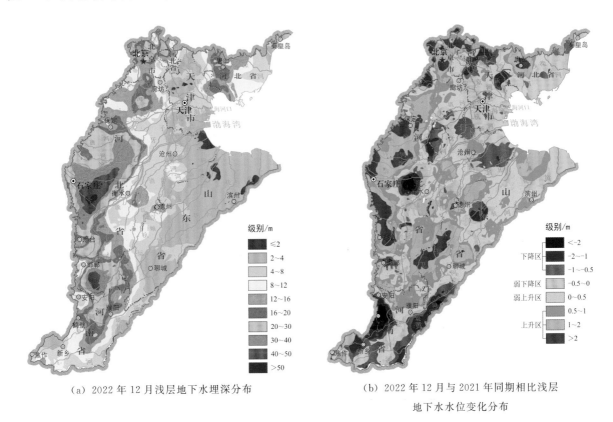

（a）2022 年 12 月浅层地下水埋深分布　　　（b）2022 年 12 月与 2021 年同期相比浅层
地下水水位变化分布

图 5－4　海河平原 2022 年 12 月浅层地下水埋深
及与 2021 年同期相比浅层地下水水位变化分布

黄淮平原 2022 年 12 月浅层地下水平均埋深 4.3m，与 2021 年同期相比浅层地下水水位下降 0.3m，地下水水位上升区面积占比为 10.9%，弱上升区面积占比为 22.9%，水位弱下降区面积占比为 26.1%，水位下降区面积占比为 40.1%，黄淮平原 2022 年 12 月浅层地下水埋深及与 2021 年同期相比浅层地下水水位变化分布见图 5－5。

四、重点区域地下水动态

重点区域浅层和深层地下水 2021 年 12 月、2022 年 12 月地下水平均埋深及同比水位变幅情况见表 5－3。

（1）浅层地下水。对华北地区和 10 个重点区域的 6644 个浅层地下水水位监测站数据进行统计，2022 年 12 月与 2021 年同期相比，华北地区、北部湾地区、辽河平原（重点）、汾渭谷地浅层地下水水位呈弱上升态势；西辽河流域、三江平原（重点）、河西走廊（重点）、松嫩平原（重点）、黄淮地区（重点）呈弱下降态势；鄂尔多斯台地、天山南北麓与吐哈盆地浅层地下水水位呈下降态势，分别下降 0.6m 和 1.0m。

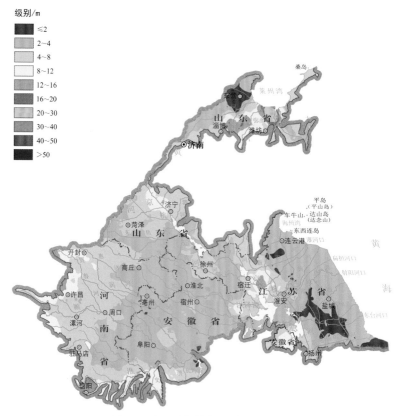

（a）2022 年 12 月浅层地下水埋深分布

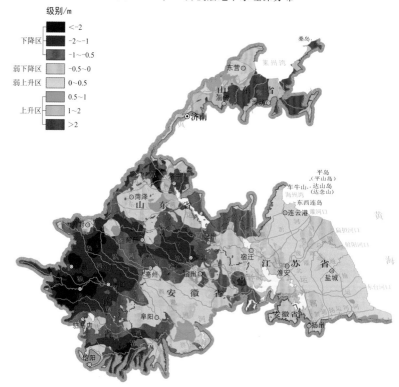

（b）2022 年 12 月与 2021 年同期相比浅层地下水水位变化分布

图 5-5　黄淮平原 2022 年 12 月浅层地下水埋深及
与 2021 年同期相比浅层地下水水位变化分布

表 5－3　重点区域 2021 年 12 月、2022 年 12 月地下水平均埋深及同比水位变幅

重点区域名称		浅层地下水平均埋深/m		浅层地下水水位变幅/m	深层地下水平均埋深/m		深层地下水水位变幅/m
		2021 年 12 月	2022 年 12 月		2021 年 12 月	2022 年 12 月	
华北地区	北京市、天津市、石家庄市、唐山市、秦皇岛市、邯郸市、邢台市、保定市、张家口市、沧州市、廊坊市、衡水市	16.1	15.6	0.5	45.9	44.4	1.5
三江平原（重点）	鸡西市、鹤岗市、双鸭山市、佳木斯市	6.9	7.1	－0.2	8.4	8.4	0
松嫩平原（重点）	哈尔滨市、绥化市、白城市	7.7	8.0	－0.3	8.8	9.1	－0.3
辽河平原（重点）	沈阳市、锦州市、朝阳市、阜新市	4.2	4.0	0.2	3.1	3.0	0.1
西辽河流域	赤峰市、通辽市	8.2	8.0	－0.2			
黄淮地区（重点）	淮北市、阜阳市、亳州市、济南市、滨州市、东营市、淄博市、济宁市、德州市、聊城市、菏泽市、郑州市、开封市、平顶山市、安阳市、鹤壁市、新乡市、焦作市、许昌市、濮阳市、南阳市、商丘市、周口市	6.4	6.8	－0.4	27.3	27.0	0.3
鄂尔多斯台地	呼和浩特市、包头市、乌海市、鄂尔多斯市、乌兰察布市、锡林郭勒盟、巴彦淖尔市	13.3	13.9	－0.6			
河西走廊（重点）	张掖市、嘉峪关市、金昌市、武威市、酒泉市	29.6	29.8	－0.2	6.2	6.3	－0.1
汾渭谷地	大同市、朔州市、忻州市、太原市、阳泉市、晋中市、长治市、晋城市、运城市、临汾市、吕梁市、西安市、咸阳市	23.0	23.0	0	40.7	40.2	0.5
天山南北麓与吐哈盆地	乌鲁木齐市、昌吉回族自治州、博尔塔拉蒙古自治州、塔城地区、石河子市、吐鲁番市、哈密市、巴音郭楞蒙古自治州、伊犁州	35.2	36.2	－1.0	35.1	36.5	－1.4
北部湾地区	湛江市、北海市	7.2	6.8	0.4	14.7	13.1	1.6

（2）深层地下水。对华北地区和8个重点区域的1953个深层地下水水位监测站数据进行统计，2022年12月与2021年同期相比，北部湾地区、华北地区深层地下水水位呈上升态势，分别上升1.6m和1.5m；汾渭谷地、黄淮地区（重点）、辽河平原（重点）、三江平原（重点）深层地下水水位呈弱上升态势；河西走廊（重点）、松嫩平原（重点）呈弱下降态势；天山南北麓与吐哈盆地深层地下水水位呈下降态势，下降1.4m。

（3）裂隙水。对华北地区和7个重点区域的237个裂隙水水位监测站数据进行统计，2022年12月与2021年同期相比，黄淮地区（重点）、辽河平原（重点）、三江平原（重点）、北部湾地区裂隙水平均水位呈弱下降态势；松嫩平原（重点）、汾渭谷地、鄂尔多斯台地、华北地区裂隙水水位呈下降态势，下降幅度为0.6～1.8m。

（4）岩溶水。对华北地区和3个重点区域的227个岩溶水水位监测站数据进行统计，2022年12月与2021年同期相比，黄淮地区（重点）岩溶水水位呈上升态势，上升2.9m；北部湾地区呈弱上升态势，上升0.2m；汾渭谷地和华北地区呈下降态势，分别下降0.9m、1.4m。

五、地下水水温

全国共有30个省（自治区、直辖市）❶开展了地下水水温监测。黑龙江地下水月平均水温最低，为6.16℃；海南地下水月平均水温最高，为26.45℃。地下水水温年内变化较小，一般小于1℃，云南、西藏年内变化较大，分别为1.47℃、1.05℃。黑龙江、青海、吉林、内蒙古全年地下水月平均水温低于10℃，海南、广东、福建、广西全年地下水月平均水温高于20℃，2022年6月和12月各省级行政区地下水月平均水温见图5-6。

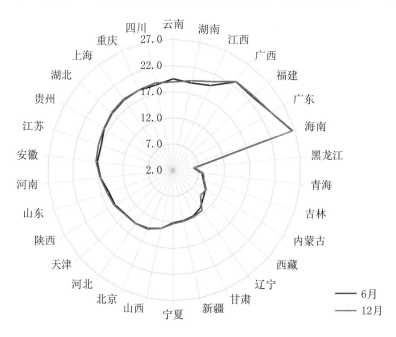

图5-6　2022年6月和12月各省级行政区地下水月平均水温（单位：℃）

---

❶　浙江省及港澳台地区暂无地下水水温监测。

六、泉流量

对河北、山西、山东、河南、广西、贵州、新疆7个省份的20个泉流量重点监测站数据进行统计，泉流量重点监测站分布及监测结果见图5-7。与2021年相比，趵突泉泉群、黑虎泉泉群等13个泉的月平均流量有所增大，其中位于山西省临汾市的龙子祠泉月平均流量增大1.78m³/s，位于河南省安阳市的小南海珍珠泉月平均流量增大1.76m³/s；玉液（大河）泉、金波泉月平均流量保持不变；泉林北泉、泉林南泉、九磨地下河、犀牛洞、琼坎儿井5个泉的月平均流量有所减小，其中位于贵州省黔东南州的犀牛洞月平均流量减小2.25m³/s。

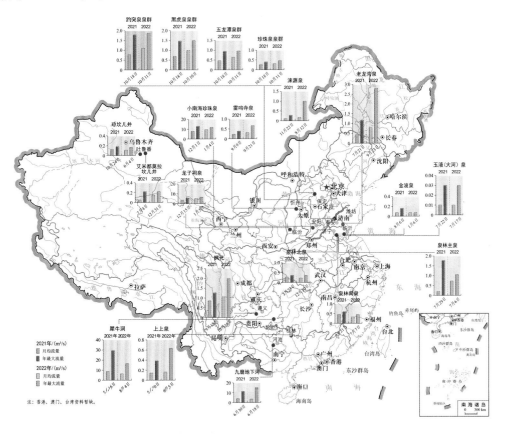

图5-7　部分省级行政区泉流量重点监测站分布及监测结果

太湖秋意（陈甜 提供）

第六章
水生态

一、概述

2022 年，根据 234 个断面全年流量资料统计分析生态流量保障目标满足程度，有 156 个断面的满足程度为 100％，占断面总数的 67％，相比 2021 年降低约 4％；有 50 个断面的满足程度小于 100％ 大于 90％，占断面总数的 21％，相比 2021 年降低约 6％；剩余 28 个断面的满足程度小于 90％，占断面总数的 12％，相比 2021 年增加约 10％。生态流量满足程度有所降低的主要原因在于长江流域出现了 1961 年有完整实测资料以来最严重长时间气象水文干旱。

2022 年，根据水利部华北地区河湖生态环境复苏行动工作部署，水利部水文司组织海委、黄委和京津冀鲁水文部门制定 48 条（个）补水河湖的水文监测与评估方案，支撑华北地区河湖生态环境复苏取得实效。补水后，京杭大运河实现百年来首次全线水流贯通，与永定河实现百年交汇；蓟运河水系、潮白河水系、永定河水系、大清河白洋淀水系、子牙河水系、漳卫河水系等主要水系 40 余条长期断流河流先后实现全线水流贯通；永定河 26 年来首次全线贯通入海，潮白河 22 年来首次全线通水，白洋淀生态水位（6.5～7.0m）保证率达到 100％。补水河湖水环境水生态状况整体良好，主要补水河湖周边地下水水位明显回升。与 2018 年同期（首次补水前）相比，2022 年底 48 条（个）补水河湖有水河长增加 1306.32km，水面面积增加 168.65km²，有水河道长度和水面面积分别为 2018 年的 1.4 倍和 1.3 倍。

二、河湖生态流量状况

2022 年，不考虑水行政主管部门根据实际情况临时调整指标的情况，全国重点河湖生态流量保障目标满足程度情况见图6-1和表6-1。2022年，海河区、黄河区、太湖流域、西北诸河区等区域所有控制断面生态流量满足程度均大于90％；松花江区、淮河区、长江区、东南诸河区、珠江区等区域均有断面生态流量满足程度小于90％，分别有1个、2个、21个、1个、3个。长江区和东南诸河区生态流量满足程度小于90％的断面数占纳入保障目标满足程度分析断面总数的比例均超过15％。自2022年夏季开始，长江流域旱情形势严峻，流域降雨、来水均严重偏少，上中下游同时偏枯，江湖水位持续走低，是长江流域满足程度小于90％的断面数较多的主要原因。

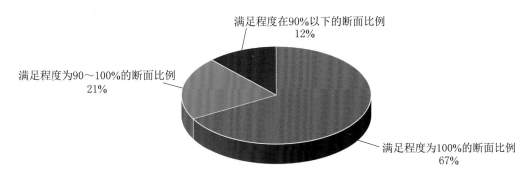

图6-1　全国重点河湖生态流量保障目标满足程度统计

表6-1　　　　　全国重点河湖生态流量保障目标满足程度统计

全国主要水系分区	控制断面数量	满足程度为100％的断面数量	满足程度小于100％的断面数量	其中：满足程度小于90％的断面数量
松花江区	21	17	4	1
辽河区	9	8	1	0
海河区	8	8	0	0
黄河区	20	18	2	0
淮河区	28	17	11	2
长江区	113	67	46	21
其中：太湖流域	3	2	1	0
东南诸河区	5	2	3	1
珠江区	29	18	11	3
西北诸河区	1	1	0	0
合　计	234	156	78	28

选取满足程度小于90％的松花江区音河流域音河水库断面，淮河区淮河干流蚌埠（吴家渡），长江区长江上游支流赤水河流域赤水、长江中游鄱阳湖支流信江流域梅港、长江干流大通，东南诸河区新安江街口，珠江区柳江涌尾（二）共7个控制断面作为代表，进行水文水资源监测信息分析。

2022年松花江区音河流域音河水库断面的年平均流量为 $5.74m^3/s$，最大日均流量为 $72.1m^3/s$，最小日均流量为 $0m^3/s$。水利部批复的该断面月生态水量目标值为：4—5月 32.25 万 m^3、6—9月 182 万 m^3、10—11月 32.25 万 m^3。经分析，该断面的满足程度为 63%，不满足天数为 $91d$（9—11月）。该断面 2022年逐月水量过程见图 6-2。

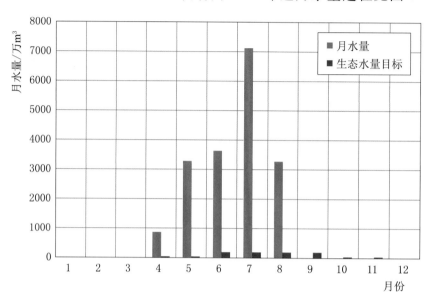

图 6-2 松花江区音河流域音河水库断面 2022 年逐月水量过程

2022年淮河区淮河干流蚌埠（吴家渡）断面的年平均流量为 $374m^3/s$，最大日均流量为 $3390m^3/s$，最小日均流量为 $21.6m^3/s$。水利部批复的该断面生态流量目标值为 $48.35m^3/s$，该断面的满足程度为 75%，不满足天数为 $91d$。该断面 2022年逐日流量过程见图 6-3。

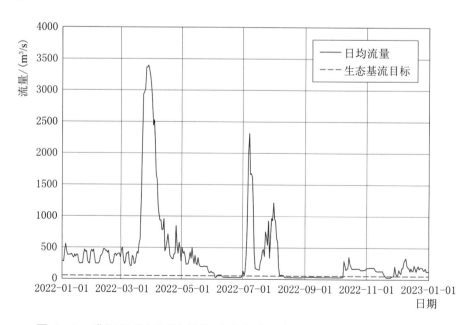

图 6-3 淮河区淮河干流蚌埠（吴家渡）断面 2022 年逐日流量过程

2022 年长江区赤水河流域赤水断面的年平均流量为 160m³/s，最大日均流量为 1480m³/s，最小日均流量为 28.9m³/s。水利部批复的该断面生态流量目标值为 59.0m³/s，该断面的满足程度为 73%，不满足天数为 97d。该断面 2022 年逐日流量过程见图 6-4。

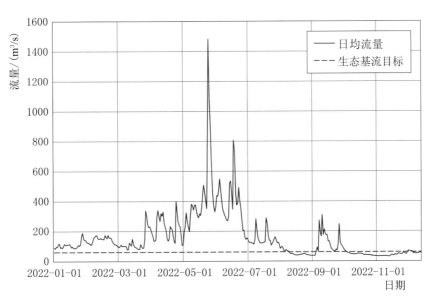

图 6-4　长江区赤水河流域赤水断面 2022 年逐日流量过程

2022 年长江区鄱阳湖支流信江流域梅港断面的年平均流量为 571m³/s，最大日均流量为 6730m³/s，最小日均流量为 9.94m³/s。水利部批复的该断面生态流量目标值为 57.0m³/s，该断面的满足程度为 83%，不满足天数为 63d。该断面 2022 年逐日流量过程见图 6-5。

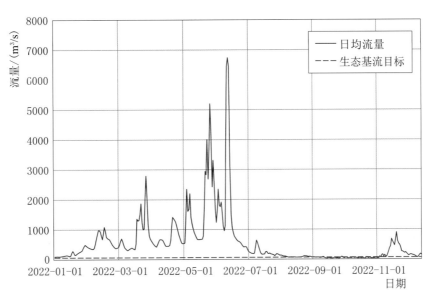

图 6-5　长江区鄱阳湖支流信江流域梅港断面 2022 年逐日流量过程

2022 年长江区长江干流大通断面的年平均流量为 24500m³/s，最大日均流量为 61300m³/s，最小日均流量为 9230m³/s。水利部批复的该断面生态流量目标值为 10000m³/s，该断面的满足程度为 88.8%，不满足天数为 41d。该断面 2022 年逐日流量变化过程见图 6-6。

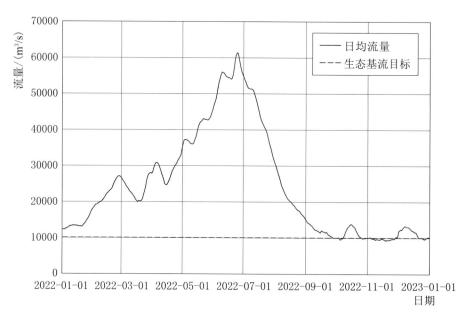

图 6-6　长江区长江干流大通断面 2022 年逐日流量过程

2022 年东南诸河区新安江街口断面的年平均流量为 162m³/s，最大日均流量为 1540m³/s，最小日均流量为 5.05m³/s。水利部批复的该断面生态流量目标值为 7.70m³/s，该断面的满足程度为 89.9%，不满足天数为 37d。该断面 2022 年逐日流量变化过程见图 6-7。

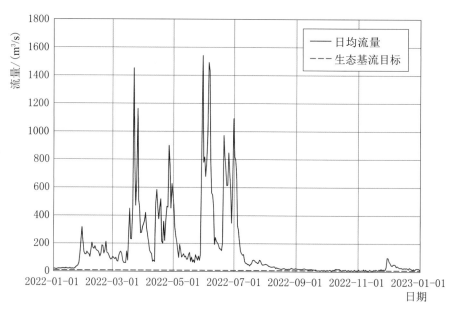

图 6-7　东南诸河区新安江街口断面 2022 年逐日流量过程

2022年珠江区柳江涌尾（二）断面的年平均流量为304m³/s，最大日均流量为4150m³/s，最小日均流量为6.80m³/s。水利部批复的该断面生态流量目标值为34.0m³/s，该断面的满足程度为89.0％，不满足天数为40d。该断面2022年逐日流量变化过程见图6-8。

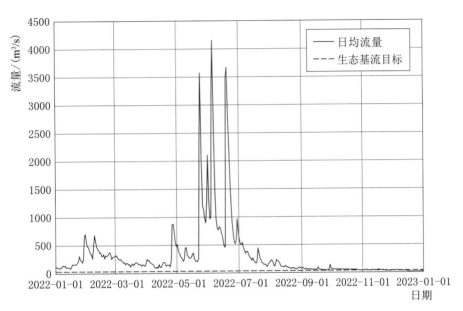

图6-8　珠江区柳江涌尾（二）断面2022年逐日流量过程

三、华北地区河湖生态补水

（一）补水范围和补水量

华北地区河湖生态环境复苏行动实施范围包括北三河、永定河、大清河、子牙河、漳卫河、黑龙港运东地区诸河、徒骇马颊河等7个河流水系的48条（个）河湖，总河长约5128km。补水水源为南水北调中线、南水北调东线、引黄、引滦、当地水库、再生水及雨洪水等多水源综合补水。京杭大运河贯通补水范围为大运河黄河以北河段总长约707km，包括通惠河、北运河、小运河、卫运河和南运河，补水水源为东线北延供水、岳城水库、潘庄引黄、密云水库、再生水等。永定河补水水源为万家寨引黄、官厅水库、南水北调中线、再生水等。2022年1—12月，京津冀鲁四省（直辖市）在39条河流和7个湖泊开展生态补水，累计补水70.22亿m³，完成年度计划补水量42.08亿m³的167％。其中，京杭大运河2022年全线贯通补水8.40亿m³，完成计划补水量5.15亿m³的163％；39个河湖夏季集中补水9.68亿m³，完成计划补水量7.21亿m³的134％；永定河补水5.38亿m³，完成计划补水量5.31亿m³的101％；白洋淀补水（入淀）9.48亿m³，完成计划补水量3.40亿m³的279％。

2022年1—12月京津冀鲁各水源生态补水量见图6-9，京杭大运河各水源补水完成情况见表6-2。

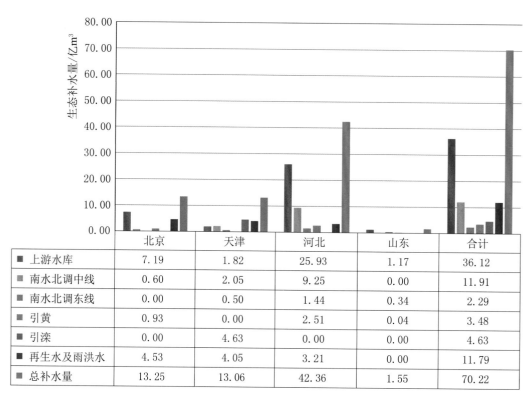

	北京	天津	河北	山东	合计
■ 上游水库	7.19	1.82	25.93	1.17	36.12
■ 南水北调中线	0.60	2.05	9.25	0.00	11.91
■ 南水北调东线	0.00	0.50	1.44	0.34	2.29
■ 引黄	0.93	0.00	2.51	0.04	3.48
■ 引滦	0.00	4.63	0.00	0.00	4.63
■ 再生水及雨洪水	4.53	4.05	3.21	0.00	11.79
■ 总补水量	13.25	13.06	42.36	1.55	70.22

图 6-9 2022 年 1—12 月京津冀鲁累计生态补水量

表 6-2 京杭大运河各水源补水完成情况

序号	补水水源	累计补水量 /亿 m³	计划调水量 /亿 m³	完成情况 /%
1	密云水库	0.31	0.30	103
2	岳城水库	3.47	2.00	174
3	潘庄引黄	0.72	0.30	239
4	东线北延工程	1.89	1.83	103
5	再生水	2.01	0.72	279
6	合计	8.40	5.15	163

(二)补水效果

2022 年,利用多源国产卫星遥感影像对补水河湖进行持续监测分析。截至 2022 年底,48 条(个)补水河湖有水河长为 4736.06km,较 2018 年同期(首次补水前)增加 1306.32km;48 条(个)补水河湖水面面积为 765.56km²,较 2018 年同期(首次补水前)增加 168.65km²。有水河道长度和水面面积分别为 2018 年的 1.4 倍和 1.3 倍。有 24 条补水河流较 2018 年有水河道长度增加,其中滏阳河、永定河和滹沱河增加显著,分别增加 238.74km、207.73km、155.45km,分别占各自河道总长度的 58%、78% 和 28%。有 29 条(个)河湖较 2018 年水面面积增加,其中滹沱河、白洋淀和永定河水面面积增加显著,分别增加 24.45km²、20.77km²、15.79km²,部分河段补水前后通水情况见图 6-10。

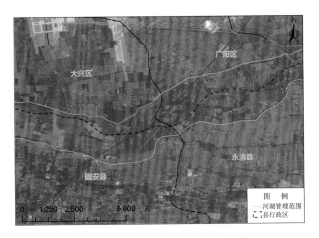

（a）2018年补水前梁各庄段（断流）　　　　　　　　（b）2022年补水后梁各庄段

图 6-10 永定河部分河段补水前后标准假彩色遥感影像对比

　　补水河湖水环境水生态状况整体良好。补水河湖水生态有所恢复，生物种类有一定增加，尤其是滹沱河、南拒马河、瀑河、白洋淀等连续多年补水河湖水生态状况持续改善，浮游生物密度降低，水体富营养化程度明显改善。补水后京杭大运河沿线共检出浮游植物8门200种，比补水前增加了24种。部分河段补水效果见图6-11。

（a）岳城水库开闸放水无人机拍摄影像（2022年4月14日）　　　（b）临清水文站无人机拍摄影像（2022年4月23日）

（c）潘庄引黄闸无人机拍摄影像（2022年4月13日）　　　（d）四女寺闸无人机拍摄影像（2022年4月18日）

图 6-11 2022 年部分河段补水效果

　　主要补水河湖周边地下水水位明显回升。对 2022 年末 21 个主要补水河湖周边 10km 范围内浅层地下水监测站水位数据进行统计分析，在降水量较多年同期偏少 1 成、较 2021 年同期偏少 3 成的条件下，水位较 2021 年同期上升 0.74m，较补水前（2018 年同期）明显回升。

长江汉川水文站（郑力 摄）

第七章
暴雨洪水

一、概述

2022 年，通过系列长度大于 30 年的 636 个雨量站年最大 3d 点雨量排位分析，全国南、北方暴雨较历年情势偏大、中部地区较历年情势偏小，其中西江、北江、辽河、黄河中游、山东半岛等区域多处代表站重现期大于 20 年（见图 7-1）。通过系列长度大于 30 年的 334 个主要江河水文站年最大流量排位分析，洪水在历年情势中偏大的河流主要有辽河支流绕阳河、山东半岛的小清河、钱塘江、鄱阳湖支流饶河、珠江流域桂江和北江、黄河上游支流大通河、河西走廊的石羊河和疏勒河、塔里木河（见图 7-2），其中北江下游石角站洪峰流量达 18500m³/s，为 1936 年有实测资料以来第 1 位。

2022 年，全国共出现 44 次强降水过程，有 28 个省（自治区、直辖市）626 条河流发生超警以上洪水，其中 90 条河流发生超保洪水、27 条河流发生有实测资料以来最大洪水。珠江、辽河、淮河等流域共发生 10 次编号洪水（见表 7-1）。珠江流域发生 2 次流域性较大洪水，北江发生 1915 年以来最大洪水，辽河流域发生严重暴雨洪涝，塔里木河洪水超警早历时长，淮河出现罕见汛前暴雨，四川平武县及北川县、青海大通县、黑龙江五大连池市等地发生严重山洪。

2022 年，有 4 个台风（含热带风暴）登陆我国，较常年偏少。台风"暹芭"为 2015 年台风"彩虹"以来登陆粤西的最强台风，其为华南多地带来强烈风雨影响，部分地区降水创下历史极值，在其残余环流和冷空气共同影响下河南、山东等地局部降了大暴雨，淮河干流、沂河、南四湖等河湖出现明显涨水过程。台风"梅花"是 1949 年中华人民共和国成立以来第三个在我国 4 次登陆的台风，是 2022 年

注：香港、澳门、台湾资料暂缺。

图 7-1 年最大 3d 降水量偏丰地区分布

登陆我国的最强台风，降水雨强大，影响范围广，部分地区发生"风雨潮洪"遭遇，多站（水库）刷新历史最高水位。

本章重点描述珠江流域暴雨洪水、辽河流域绕阳河暴雨洪水、新疆塔里木河流域融雪洪水、台风"梅花"暴雨洪水等 2022 年重要洪水事件。

表 7-1 2022 年编号洪水统计表

序号	编号日期	流域	编号名称	依　据
1	2022-05-30	珠江流域	西江 2022 年第 1 号洪水	受降水影响，龙滩水库入库流量涨至 10900m³/s
2	2022-06-06	珠江流域	西江 2022 年第 2 号洪水	受降水及干支流来水影响，武宣水文站流量涨至 25200m³/s
3	2022-06-12	珠江流域	西江 2022 年第 3 号洪水	受强降水及干支流来水影响，梧州水文站水位涨至 18.52m，超过警戒水位（18.50m）0.02m
4	2022-06-13	珠江流域	韩江 2022 年第 1 号洪水	受降水及干支流来水影响，三河坝水文站流量涨至 4890m³/s

续表

序号	编号日期	流域	编号名称	依 据
5	2022-06-14	珠江流域	北江 2022 年第 1 号洪水	受降水影响，石角水文站流量涨至 12000m³/s
6	2022-06-19	珠江流域	西江 2022 年第 4 号洪水	受降水及干支流来水影响，梧州水文站水位止落回涨至 20.95m，超过警戒水位（18.50m）2.45m
7	2022-06-19	珠江流域	北江 2022 年第 2 号洪水	受降水影响，石角水文站流量涨至 12000m³/s
8	2022-06-27	淮河流域	沭河 2022 年第 1 号洪水	受降水影响，重沟水文站流量达 2170m³/s
9	2022-07-05	珠江流域	北江 2022 年第 3 号洪水	受降水及上游来水影响，石角水文站流量达 12000m³/s
10	2022-07-17	松辽流域	辽河 2022 年第 1 号洪水	受降水影响，铁岭水文站水位涨至警戒水位 60.22m

注：香港、澳门、台湾资料暂缺。

图 7—2 年最大洪峰流量偏丰地区分布

二、珠江流域暴雨洪水

受拉尼娜事件影响，2022年南海夏季风爆发偏早，5月下旬至7月上旬，我国华南地区遭遇1961年以来第2强的"龙舟水"过程，珠江流域连降暴雨，流域累积面雨量为664mm，较常年同期偏多54％，列1961年以来同期第1位。北江、韩江、东江、西江下游累积降雨量分别为975mm、723mm、836mm、602mm，分别较常年同期偏多124％、83％、71％、54％，其中北江、韩江均列1961年有连续资料以来同期第1位，东江、西江均列1961年有连续资料以来同期第2位，5月下旬至7月上旬珠江流域降水量见图7-3。累积最大点雨量发生在广东清远马头面站2230mm，各区域过程累计最大点雨量见表7-2。

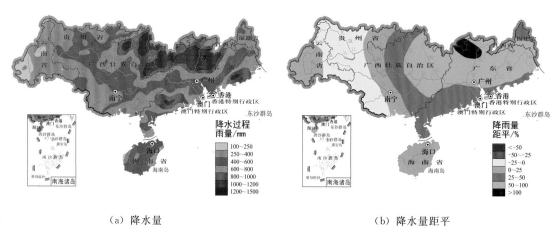

（a）降水量　　　　　　　　　　　（b）降水量距平

图7-3　5月下旬至7月上旬珠江流域降水量和降水量距平图

表7-2　　　　　　　　　5月下旬至7月上旬累积最大点雨量统计

站　名	流　域	累积最大点雨量/mm	位　置
马头面	北江	2230	广东清远马头面
开山	西江下游	1770	广西贺州开山
新城北街	东江	1552	广东韶关新城北街
横溪	韩江	1150	广东梅州横溪
再老	西江中游	1893	广西柳州再老
介更	西江上游	1214	广西河池介更

珠江流域西江、北江、韩江共出现8次编号洪水，其中西江2022年第4号洪水和北江2022年第2号洪水为流域性较大洪水。北江2022年第2号洪水为1915年以来最大洪水，中游干流飞来峡水库6月22日最大入库流量为19900m³/s，仅次于1915年的调查洪水洪峰流量（21500m³/s），下游干流石角站6月20日洪峰流量达18500m³/s，为1936年有实测资料以来第1位。

5月21日至7月上旬，珠江流域共有274条河流发生超警以上洪水，为1998年以来同期最多，其中广西桂江、广东武水等10条河流发生超保洪水，北江干流英德、飞来峡至石角江段及支流连江、桂江上游支流灵渠、粤西沿海根子河等4条河流发生有实测资料以来最大洪水，其中北江干流英德水位站6月22日洪峰水位为35.97m，超警9.97m，列1951年有实测资料以来第1位。主要河流洪水特征见图7-4。

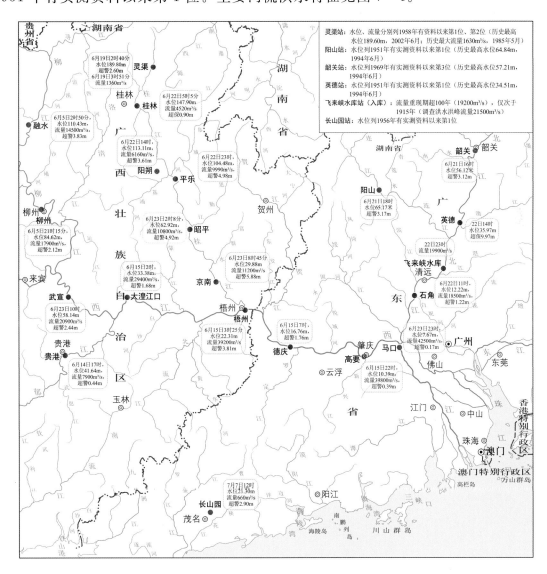

图7-4 珠江流域暴雨洪水主要河流洪水特征

洪水过程中，通过流域防洪工程联合调度运用，最大削减西江梧州站洪峰6000m³/s，降低梧州站水位1.8m，控制北江石角站洪峰流量在北江大堤行洪能力以内，降低石角及三角洲地区水位1～1.2m，有效确保了重要地区防洪安全。

（一）降水特点

（1）强降水过程多，降水总量大。5月下旬至7月上旬，珠江流域共出现8次强降水过程，为1998年以来同期最多；流域累积降水量664mm，较常年同期偏多54%，列1961年有完整资料以来同期第1位，累积最大点雨量为广东清远马头面站2230mm。

（2）范围集中、落区高度重叠。西江 2022 年第 4 号洪水和北江 2022 年第 2 号洪水的降水过程主要从 6 月 15 日开始至 22 日结束，强降水过程共历时 7d。北江流域降水主要集中于粤北韶关至清远一带，西江流域降水主要集中在柳州、桂林、河池、贺州等地。北江 2022 年第 2 号洪水与第 1 号洪水，西江 2022 年第 4 号洪水与第 3 号洪水降水落区高度重叠，北江两次洪水的主雨区叠加于潖江下游及飞来峡库区，西江两次洪水的主雨区均在桂江上游。珠江流域 6 月 15—22 日雨情统计数据见表 7-3，累积降水等值面见图 7-5。

表 7-3　　　　　　　　　　　珠江流域 6 月 15—22 日雨情统计

开始时间 /（月-日　时）	持续时间 /h	平均面雨量 /mm	降水笼罩面积 /万 km²	最大小时雨量 /mm	最大日雨量 /mm
		50	26.4		
06-15　8：00	168	100	16.8	157	507
		250	5.7		

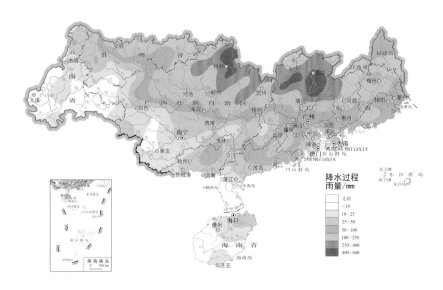

图 7-5　珠江流域 6 月 15—22 日累积降水等值面图

（二）洪水特点

（1）编号洪水频发，北江发生特大洪水。2022 年珠江流域主要水系西江、北江先后出现 7 次编号洪水，其中西江 4 次、北江 3 次，为 1949 年以来最多。珠江流域 6 月 15—22 日连续发生 2 次流域性较大洪水，其中北江飞来峡水库入库洪峰流量重现期超百年，下游石角站洪峰流量列 1936 年有实测资料以来第 1 位。

（2）多条中小河流超警，汛情较常年同期偏重。5 月 21 日至 7 月上旬，珠江流域共有 274 条河流发生超警以上洪水，为 1998 年以来同期最多，其中 10 条河流发生超保洪水，4 条河流发生有实测资料以来最大洪水（见图 7-6）。

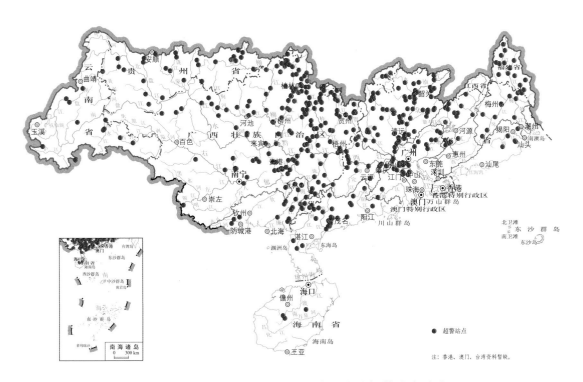

图 7-6　5 月下旬至 7 月上旬珠江流域超警站点分布

三、辽河流域绕阳河暴雨洪水

受冷暖空气和台风"暹芭"残余气旋共同影响，2022 年 6 月上旬至 8 月中旬绕阳河流域累积降水量为 610.5mm，较常年同期偏多 1 倍，为 1951 年以来同期第 1 位，6 月上旬至 8 月中旬绕阳河流域降水量见图 7-7。期间共计发生 12 次较大降水过程，呈现降水日数多、累积雨量大、雨区重叠度高、降水强度较大等特点。受强降水影响，辽河在 7 月 17 日发生 2022 年第 1 号洪水，辽河干流通江口至盘山江段全线超警，超警幅度为 0.70~1.80m；绕阳河上游韩家杖子、东白城子水文站发生 10 次洪水过程，其中东白城子水文站 7 月 29 日最高水位为 73.39m、洪峰流量为 2060m³/s，列 1951 年有实测资料以来第 1 位，中游四家子水文站发生 4 次洪水过程，下游杜家水文站发生 2 次洪水过程，各站最高水位及相应流量均列有实测资料以来第 1 位，最大超警幅度为 1.15~1.47m、超保幅度为 0.10~1.31m，其中下游杜家水文站超警持续时间长达 56.4d。主要河流洪水特征见图 7-8。

（一）降水特点

（1）降水日数多，雨区重叠度高。6 月上旬至 8 月中旬，绕阳河流域的降水（降水量大于或等于 0.1mm）总日数为 52d，占总天数 81d 的 64.2%。流域发生的 12 场较大降水过程中，有 10 次过程的主雨区在东白城子（二）水文站以上流域。

（2）降水强度较大，累积降水量大。流域发生的 12 次较大降水过程中，有 2 次强降水过程：7 月 5—6 日，流域平均降水量为 99.2mm，流域日降水量达 96.2mm，最大点

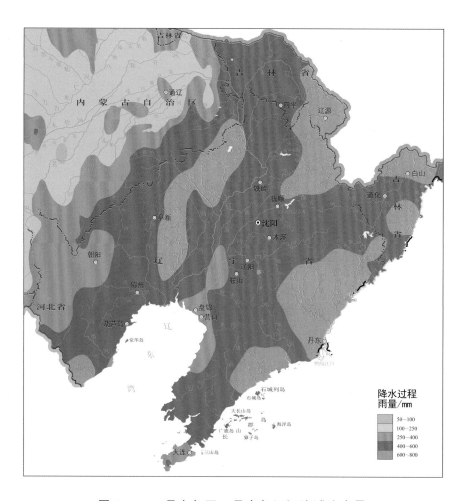

图7-7 6月上旬至8月中旬辽河流域降水量

降水量为锦州北镇市正安站230mm；7月28—29日，流域平均降水量为149.6mm，流域日降水量达132.7mm，最大点降水量为阜新市彰武县许家站230mm。两次共4d过程累积降水量占7月流域总降水量的70.3%，比流域7月多年平均降水量偏多70.8%。6月上旬至8月中旬，绕阳河流域累积平均降水量为610.5mm，较常年同期偏多1倍，列1951年有实测资料以来同期第1位。

（二）洪水特点

（1）洪水持续时间长、超警日数多。绕阳河下游杜家站两次洪水过程共持续65d，历史少见。其中第一次洪水过程为6月20日至7月23日，第二次为7月23日至8月25日。两次洪水过程中杜家站超保12h，超警56d10h。

（2）洪水量级大、洪峰水位高。绕阳河上游韩家杖子水文站7月28日最高水位为113.53m，洪峰流量为2590m³/s，为1951年有实测资料以来第1位。干流东白城子水文站7月29日最高水位为73.65m，洪峰流量为2240m³/s，列1951年有实测资料以来第1位。下游杜家水文站7月31日最高水位为6.94m，洪峰流量为1850m³/s，水位和流量均列2014年有实测资料以来第1位。

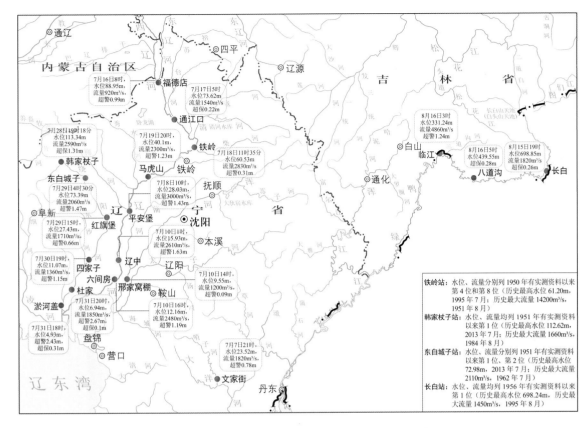

图 7 - 8　辽河流域暴雨洪水主要河流洪水特征

四、新疆塔里木河流域融雪洪水

2022 年 5 月 27 日至 8 月 16 日，新疆塔里木河流域高温日数（日最高气温大于 35℃）累计达 20～55d。受高温融雪和降水共同影响，5 月新疆阿克苏河支流托什干河等 4 条河流发生超保洪水，最大超保幅度为 0.44～1.48m，阿克苏河支流托什干河阿热力大桥水文站（新疆阿克苏）5 月 30 日 20 时洪峰流量为 712m³/s，超过保证流量（650m³/s）。8 月，流域上中游大部分地区降水量较常年同期偏多 5 成至 1 倍。受高温融雪及降水影响，塔里木河干支流 25 条河流发生超警以上洪水，其中 7 条河流超保证流量。洪水期间，塔里木河干支流沿线未发生较大险情灾情，各水库、水闸、堤防等水工程均运行正常。主要河流洪水特征见图 7-9。

（一）气温降水特点

流域高温日数多、降水"上多下少"。塔里木河持续高温，沿河地区高温日数较多，其中上游地区累计 20～35d，下游地区累计 20～55d。塔里木河降水呈"上多下少"分布，其中上游偏多 20%～40%，下游偏少 20%～70%。

（二）洪水特点

（1）洪水发生早，超警时间长。5 月下旬，塔里木河各支流洪水提前到来，托什干河较去年提前 42d，阿克苏河较去年提前 27d；塔里木河干流全线超警，自干流乌斯满水文

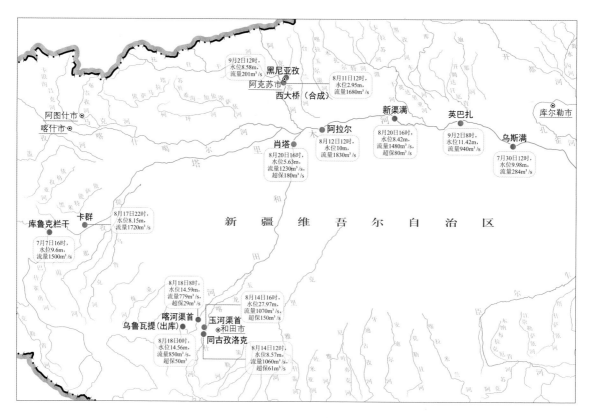

图 7-9 新疆塔里木河流域融雪洪水主要河流洪水特征

站 7 月 5 日开始超警至 9 月 22 日干流恰拉龙口河段流量退至警戒以下，超警历时累计 80d，比常年晚近一个月，为历史罕见。

（2）洪水总量大，洪峰量值高。5 月下旬至 9 月上旬，塔里木河干流上游阿拉尔水文站（新疆阿克苏）累计来水量为 78.7 亿 m³，较常年同期偏多 1.5 倍，列 1957 年有实测资料以来同期第 1 位。塔里木河干流中游新渠满水文站（新疆沙雅）8 月 1 日洪峰流量为 1160m³/s，超过警戒流量（1000m³/s）。8 月中旬，塔里木河干支流洪水并发，干流阿拉尔站洪峰流量为 1830m³/s，支流喀拉喀什河托满站洪峰流量为 1140m³/s，分别列 1957 年有实测资料以来第 6 位、第 3 位。

（3）洪水场次多，多型洪水并发。5 月下旬至 9 月上旬，塔里木河干支流 25 条河流发生超警以上洪水，其中干流及支流叶尔羌河、托什干河均发生 3 次超警戒流量以上洪水，支流喀拉喀什河、玉龙喀什河均发生 2 次。受高温融雪影响，新疆阿克苏地区昆马力克河上游麦兹巴赫冰川湖发生溃决。流域内暴雨洪水、融雪洪水、冰川溃决洪水及混合型洪水相继发生且一度并发叠加。

五、台风"梅花"暴雨洪水

2022 年 9 月中旬，受台风"梅花"影响，太湖、长江下游、淮河下游和松辽等流域出现暴雨，涉及浙江、上海、江苏、山东、辽宁等 5 个省（直辖市），其中 2 个地市累积面降水量超过 200mm，3 个地市累积面降水量超过 150mm，15 个地市累积面降水量超过

100mm，宁波市镇海区、余姚市最大1d降水量分别列历史实测第2、第3位。台风"梅花"影响各省份累积降水量统计见表7-4，9月中旬台风"梅花"降水量分布见图7-10。

表7-4　　　　　台风"梅花"影响省份累积降水量统计

省（自治区、直辖市）	过程最大点降水量/mm	最大日降水量/mm	地市累积面降水量/mm
上海	231（崇明区陈家镇新城站）	146（9月14日，金山区金山卫站）	
浙江	659（宁波市余姚夏家岭站）	390（9月14日，宁波市余姚夏家岭站）	宁波市283、舟山市191、绍兴市146、嘉兴市120、台州市79
江苏	199（南通焦港闸站）	113（9月14日，盐城东台河闸）	南通106、苏州101、无锡90、盐城90、泰州70
山东	519（青岛市崂山区蔚竹庵站）	421（9月15日，烟台市蓬莱区南官山站）	烟台206、青岛137、威海130、潍坊、日照60～70
辽宁	237（大连市金州新区得胜站）	157（9月15日，大连市甘井子区大西山水库）	丹东市143、大连市138、本溪市116、抚顺市111、鞍山市105、辽阳市102、营口市96

浙江甬江3站刷新历史最高水位，山东半岛3座水库刷新历史最高水位，烟台市清洋河发生历史最大洪水，台风路径沿程多站水（潮）位超警，但"梅花"带来的降水也有效缓解了浙苏沪等地的气象干旱。

（一）台风过程概述

2022年第12号台风"梅花"于9月8日8时在西北太平洋洋面上生成，中心附近最大风力8级（18m/s）、最低气压998hPa，强度为热带风暴级。9日2时"梅花"加强为强热带风暴，10日11时加强为台风，11日3时加强为强台风，12日短暂减弱为台风，13日凌晨移入东海南部海面，13日6时再次加强为强台风。14日20时30分前后"梅花"在浙江省舟山普陀沿海登陆，登陆时中心附近最大风力14级（42m/s，强台风级）、最低气压955hPa。15日凌晨0时30分前后在上海奉贤沿海第二次登陆，登陆时中心附近最大风力12级（35m/s，台风级）、最低气压975hPa。16日0时前后在山东省青岛崂

图7-10　9月中旬台风
"梅花"降水量分布

山区沿海第三次登陆，登陆时中心附近最大风力9级（23m/s，热带风暴级），最低气压990hPa。16日12时40分在辽宁省大连市金普新区第四次登陆，登陆时中心附近最大风力有9级（23m/s，热带风暴级），最低气压990hPa。16日晚"梅花"在辽宁省东北部变性为温带气旋，20时停止编号。

（二）台风特点

登陆次数多，登陆强度大。台风"梅花"先后在我国沿海4次登陆，是1949年以来第三个4次登陆我国的台风，且四次登陆不同省（直辖市），是1949年来的首次。其中太湖流域片登陆2次，14日晚以强台风级在浙江登陆，是2022年登陆我国的最强台风，也是1949年以来9月在浙江登陆象山港以北的最强台风，15日凌晨以台风级在上海奉贤沿海再次登陆，是1950年以来登陆上海的最强台风；16日凌晨在山东青岛崂山区登陆，是1950年以来登陆山东的最晚台风；16日中午在辽宁大连登陆，是2000年以来登陆辽宁的首个台风。

（三）洪水特点

（1）"风雨潮洪"遭遇，沿海沿江多站超警。"梅花"登陆时恰逢杭州湾、长江口天文大潮，浙江东北部发生风、雨、潮、洪四遭遇，主要河口沿海水位站高潮位最大增水0.07～1.35m，3站最高水位超警；上海发生风、雨、潮三遭遇，黄浦江干流、长江口7站

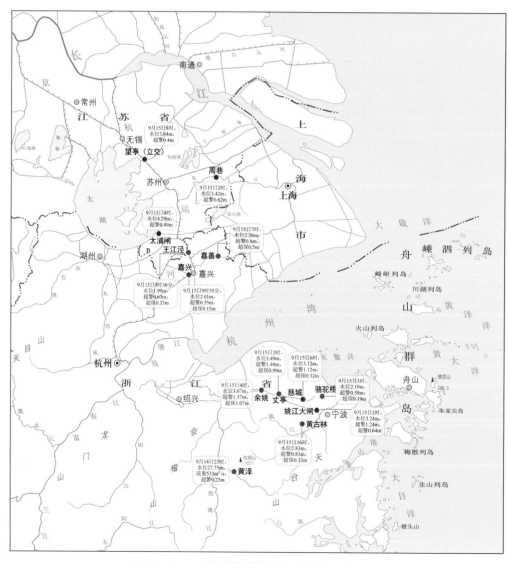

图7-11　台风"梅花"主要河流洪水特征

超警，其中米市渡、黄浦公园、吴淞口水位均居历史前五，高潮位最大增水1.13～1.79m。

（2）多站超历史实测最高水位，部分河道出现历史最大流量。甬江发生2022年第1号洪水，同日杭嘉湖东部平原（运河）发生2022年第1号洪水，其中甬江北渡、余姚和丈亭3站最高水位超历史实测最高记录。上海淀浦河东闸（闸外）站最高水位超历史记录。山东半岛小珠山水库、门楼水库、书院水库均出现有实测资料以来最高水位，崂山水库超设计水位；烟台市清洋河臧格庄水文站出现有实测资料以来最大洪峰流量。其他地区受前期降水偏少和提前预降影响，水位有明显涨幅，但未出现长时间超警超保现象。主要河流洪水特征见图7-11。

黄河源（龙虎 摄）

第八章
干 旱

一、概述

2022年，我国旱情总体偏重，区域性和阶段性干旱明显，全年相继发生珠江流域冬春连旱、黄淮海和西北地区春夏旱、长江流域夏秋连旱。其中珠江流域2022年初，受2021年严重干旱影响，东江、韩江流域骨干水库有效蓄水率仅为8%和19%，东江、韩江流域1月降水量较常年同期偏少3～5成，广东东部和福建局部旱情尤为严重；黄淮海和西北地区4—6月降水量较常年同期偏少3～7成，旱情主要集中在河北、山西、内蒙古、安徽、山东、河南、陕西、甘肃等省（自治区）；长江流域7—10月降水量较常年同期偏少近4成，6月发生最复杂的汛前消落、最罕见的极端高温、最持久的夏秋枯水、最严峻的蓄水压力及最早出现的咸潮入侵。长江流域气象水文干旱是1961年有完整实测资料以来最严重。本章重点描述长江流域夏秋干旱事件。

二、长江流域夏秋连旱

受持续的拉尼娜事件和强盛的副热带高压系统共同影响，2022年长江流域发生了1961年有完整实测资料以来最严重的气象水文干旱。7—10月长江流域降水量为291.2mm，较常年同期偏少39.1%，为1961年以来同期最少，其中鄱阳湖流域降水量为121.8mm，较常年同期偏少73.1%；洞庭湖流域降水量为188.8mm，较常年同期偏少59.8%；乌江、长江中下游降水量为259.1mm、229.9mm，较常年同期偏少49.5%、52.6%。2022年7—10月长江流域降水量统计见表8-1，2022年7—10月长江流域累积降水量与常年同期比值见图8-1。

表 8-1 2022 年 7—10 月长江流域降水量统计

时间	项目	金沙江	岷沱江	嘉陵江	长上干区	乌江	汉江	长中干区	洞庭湖	长下干区	鄱阳湖	长江上游	长江中下游	长江流域
7月	降水量/mm	99.5	77.5	138.3	98.6	138.2	124	173.5	140.5	103	82.9	105.4	123.7	113.6
	距平/%	-36	-54	-24	-42	-23	-24	-21	-20	-47	-52	-37	-32	-34
8月	降水量/mm	85.8	89.3	111.9	58.1	25.2	73.4	22.7	19.7	43.9	27	81.8	35.8	61.2
	距平/%	-33	-46	-21	-61	-81	-45	-83	-85	-73	-82	-41	-75	-56
9月	降水量/mm	108	116.9	107	100.9	51.8	51.2	12.9	6.5	58.8	2.2	103.5	23.3	67.7
	距平/%	2	2	-17	-14	-50	-51	-85	-92	-34	-97	-8	-74	-33
10月	降水量/mm	36.3	60.9	80.5	52.2	43.9	128.8	40.4	22.1	50.5	9.7	50	47.1	48.7
	距平/%	-23	9	14	-41	-55	82	-47	-73	-18	-83	-19	-33	-26
7—10月	降水量/mm	329.6	344.6	437.7	309.8	259.1	377.4	249.5	188.8	256.2	121.8	340.7	229.9	291.2
	距平/%	24	32	16	41	50	20	52	60	50	73	29	53	39

表 8-2 长江流域干支流主要水文站 2022 年 7—10 月径流量统计

时间	项目	寸滩	汉口	大通	高场	北碚	武隆	四水合成	五河合成	三峡	丹江口
7月	实测径流量/亿 m³	369.8	805.2	1133.6	84.2	69.8	39.6	157.7	93.7	432.9	18.0
	距平/%	-38.7	-27.5	-16.5	-41.1	-47.0	-55.8	-36.2	-41.4	-44.4	-66.2
8月	实测径流量/亿 m³	275.6	446.7	546.0	67.2	37.8	27.1	61.6	28.7	308.0	17.6
	距平/%	-60.8	-53.5	-53.2	-52.3	-61.3	-48.4	-55.2	-68.3	-54.0	-63.5
9月	实测径流量/亿 m³	232.7	274.1	301.5	50.4	57.0	10.6	31.3	17.9	242.0	19.3
	距平/%	-53.7	-35.5	-68.9	-52.9	-35.3	-71.5	-66.6	-72.9	-60.0	-59.6
10月	实测径流量/亿 m³	247.0	270.3	282.8	74.5	75.9	8.1	23.8	12.3	265.5	55.0
	距平/%	-28.0	-53.7	-61.7	-2.7	23.7	-76.0	-69.6	-72.4	-37.5	66.3

图 8-1 2022 年 7—10 月长江流域累积降水量与常年同期比值

受降水偏少影响，2022 年 7—10 月，长江流域（大通站）实测径流量较常年偏少 46.5%，其中长江上游（寸滩站）实测径流量较常年同期偏少 47.7%，长江中游（汉口站）实测径流量较常年同期偏少 47.9%；乌江（武隆站）实测径流量最少，较常年同期偏少 59.92%；鄱阳湖区水系（"五河"合成）实测径流量较常年同期偏少 57.7%；洞庭湖区水系（"四水"合成）实测径流量较常年同期偏少 50.7%；长江中下游干流及洞庭湖、鄱阳湖水位均创有实测记录以来历史同期最低水位。长江流域干支流主要水文站 2022 年 7—10 月径流量统计情况见表 8-2，2022 年 7—10 月长江流域径流量与常年同期比值见图 8-2。受旱情影响，大中型水库蓄水量和湖泊蓄水量显著减少，长江流域水库年末蓄水量较年初减少 403.7 亿 m³，其中上游、中游和下游地区水库年末蓄水量分别减少 176.4 亿 m³、214.1 亿 m³ 和 13.2 亿 m³；鄱阳湖和洞庭湖年末蓄水量较年初分别减少 1.1 亿 m³ 和 0.6 亿 m³。

图 8-2 2022 年 7—10 月长江流域径流量与常年同期比值

6月上旬，长江流域来水总体偏多25.3％，长江中下游主要控制站水位较历史同期明显偏高。6月中旬，长江流域出现汛期反枯的现象。7月，长江流域降水量较常年同期偏少34％，其中岷沱江、鄱阳湖降水量较常年同期偏少54％、52％。6月中旬至7月，长江中下游水位开始快速消退，7月2—4日各主要控制站水位由较常年同期均值偏高转为偏低，且偏低幅度逐渐加大。丹江口来水较常年同期偏少66.2％；乌江武隆站来水较常年同期偏少55.8％；嘉陵江北碚站来水较常年同期偏少47.0％。7月最低水位均位于历年同期最低水位倒数前列。

7月中旬至9月中旬，长江流域降水偏少范围扩大，流域上中下游来水同枯，偏少程度加剧。8月，长江流域降水量较常年同期偏少56％，其中乌江、长中干区、洞庭湖、鄱阳湖降水量较常年同期偏少81％～85％，中下游水位退势持续，两湖湖区水位明显下降，长江上游寸滩站、嘉陵江北碚站、洞庭湖"四水"合成、鄱阳湖"五河"合成、丹江口来水较常年同期偏少55.2％～68.3％；其中8月4日洞庭湖出口七里山站水位降至24.50m以下，洞庭湖提前进入枯水期，为1971年以来最早；8月6日2时，鄱阳湖星子站水位退至11.99m，鄱阳湖提前进入枯水期，为1951年有记录以来最早进入枯水期的年份；中下游干流及两湖出口控制站8月最低水位均为历史同期最低。

9月下旬至10月，长江上游枯水有所缓解，但中下游枯水态势持续。9月下旬，各站相继出现月最低水位，并继续位列历史同期最低，9月27日，鄱阳湖主体及附近水域面积为638km^2，较历史同期偏小7成，较6月27日减小8成，为历史新低；10月上中旬，受上游水库应急补水调度影响，各站水位出现不同程度返涨，补水结束后水位回落，较历史同期均值偏低程度逐渐减小。10月，长江流域降水量较常年同期偏少26％，其中鄱阳湖、洞庭湖降水量较常年同期偏少83％、73％；长江下游大通站、乌江武隆站、洞庭湖"四水"合成、鄱阳湖"五水"合成来水较常年同期偏少61.7％～76.0％，整体较9月下降态势趋缓，长江以北地区受降水影响干旱缓解，但长江以南大部分地区干旱持续发展，10月各站最低水位仍位列历史同期最低。11月，江南、华南出现明显降水过程，干旱得到有效缓解。

磴口黄河大桥（杨桂珍 提供）

第九章
冰 凌

一、概述

2022 年度，黄河、黑龙江、辽河整个凌汛期凌情形势平稳，未形成冰塞、冰坝和灾情、险情。2022 年 11—12 月，黄河以及黑龙江、辽河等干流河段相继封冻，黄河宁蒙河段及下游河段首封日期均较常年偏早，黑龙江、辽河首封日期较常年偏晚。2023 年 2—3 月，黄河下游河段及内蒙古河段陆续开河，3—4 月，辽河、松花江、黑龙江干流等封冻河流陆续开河（江），除黑龙江干流开江略晚于常年外，其他江河开河（江）日期均较常年偏早。

2022 年度，黄河冰情采用定点与巡测结合的监测方式，黑龙江、辽河冰情采用站点监测方式。黄河采用石嘴山、巴彦高勒、三湖河口、包头和头道拐 5 个水文站进行冰情分析，黑龙江采用洛古河、江桥、松花江和哈尔滨 4 个水文站进行冰情分析，辽河采用福德店、沈阳、巴林桥 3 个水文站进行冰情分析。分析内容包括年度封河日期、开河日期、最大冰厚、冰期水位等。

二、黄河冰情

2022 年度黄河凌汛期自 2022 年 11 月 29 日宁蒙河段流凌开始，2023 年 1 月 30 日黄河干流达到最大封河长度 985.69km，其中宁蒙河段 862km，中游河段 86.2km，下游河段 37.49km，至 2023 年 3 月 16 日内蒙古河段全线开通，共历时 108d。整个凌汛期凌情平稳，未出现凌汛险情。

2022 年度黄河凌情主要呈现以下特点：气温整体偏高，冷暖起伏大；首凌日期偏晚，流凌封河发展快，首封日期略偏早；冰下过流能力较好，小流量持续时间短，槽蓄水增量偏小；封河长度偏长；开河偏早，开河凌峰较小；黄河下游出现两封两开现象。

（一）封开河情况

2022 年度，黄河宁蒙河段于 2022 年 11 月 29 日开始流凌，首凌日期较常年（1971—2020 年，下同）偏晚 9d。2022 年 11 月 30 日在内蒙古河段三湖河口水文断面附近出现首封，首封日期较常年偏早 3d，流凌至封河仅间隔一天，为有资料记录以来最快。2022 年 12 月 20 日，宁蒙河段封河上首进入宁夏界，2023 年 1 月 28 日达到最大封河长度 862km，其中宁夏河段封冻 182km，内蒙古河段 720km 全线封冻（均含宁蒙交叉河段 40km）（见图 9-1）。受气温回升影响，2 月 2 日起宁夏河段开始融冰解冻，2 月 23 日宁夏河段全线开河，3 月 16 日宁蒙封冻河段全线开通，开河日期较常年偏早 9d。开河期间，宁蒙河段气温明显偏高，各水文断面开河时间普遍偏早，头道拐水文断面 3 月 12 日 8 时出现最大流量 950m^3/s，开河最大十日水量约 6.53 亿 m^3，开河形势平稳。本年度凌汛期流凌至开河历时 108d，封冻历时 107d。

图 9-1　2022 年度黄河宁蒙河段封冻

2022 年度，宁蒙河段各水文站冬季首封日期、春季开河日期，常年封河日期、常年开河日期统计情况见表 9-1。各站首封日期与常年相比偏早 5～12d，开河日期与常年相比偏早 5～11d。

表 9-1　　　　　　　　　2022 年度黄河宁蒙河段各水文站封、开河日期统计

封、开河日期	石嘴山	巴彦高勒	三湖河口	包头	头道拐
封河日期	2022-12-30	2022-12-16	2022-11-30	2022-12-02	2022-12-04
开河日期	2023-02-21	2023-02-28	2023-03-09	2023-03-12	2023-03-14
常年封河日期/（月-日）	01-11	12-21	12-07	12-09	12-10
常年开河日期/（月-日）	02-26	03-11	03-20	03-17	03-20

注：除包头站（2014—2020 年）外，常年均指 1971—2020 年均值。

宁蒙河段历年封河、开河日期,常年封河、开河日期见图9-2。

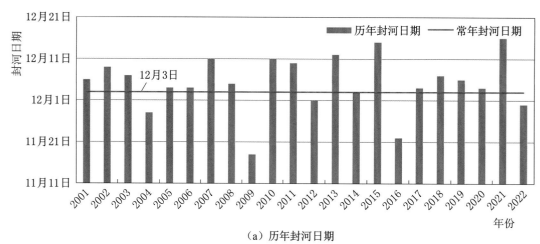

(a) 历年封河日期

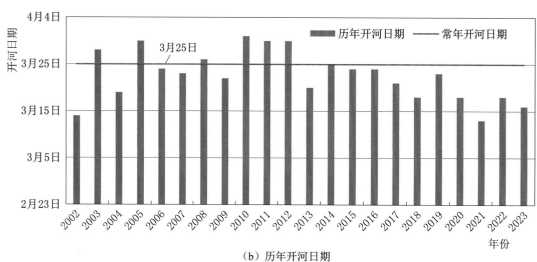

(b) 历年开河日期

图9-2　黄河宁蒙河段封、开河日期对比

2022年度,黄河中游河段龙口库区、天桥库区分别于12月5日和12月12日封冻,最长封冻分别为22km和29.2km。12月20日壶口河段封冻,最长封冻18km。12月25日乡宁河段封冻,最长封冻21km。中游河段封河长度于2023年2月2日达到最长89.4km,3月9日封冻河段全部开通,封冻历时95d。

2022年度凌汛期,黄河下游河段气温起伏变化剧烈,出现两封两开现象。2022年12月17日黄河下游出现首次流凌,首凌日期较常年偏早3d,12月20日于河口河段发生封冻,首封日期较常年偏早13d,2023年1月2日达到最大封河长度22km,受气温回升影响,2023年1月11日黄河下游河段全线开通,第一次封开河过程结束,历时23d。2023年1月中下旬受强冷空气影响,黄河下游再次出现流凌,1月24日河口河段再次出现封河,1月30日达到本年度凌汛期最大封河长度37.49km,2月6日全线开通,第二次封开河历时14d,开河日期较常年偏早8d。本年度两次封开河过程共持续37d。

黄河下游河段历年封河、开河日期,常年封河、开河日期见图9-3。

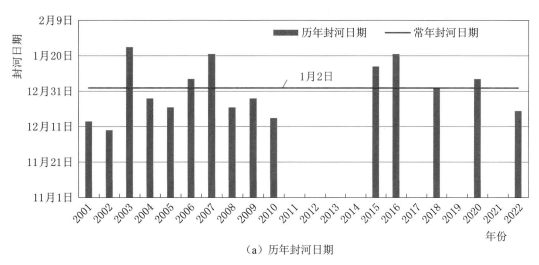

（a）历年封河日期

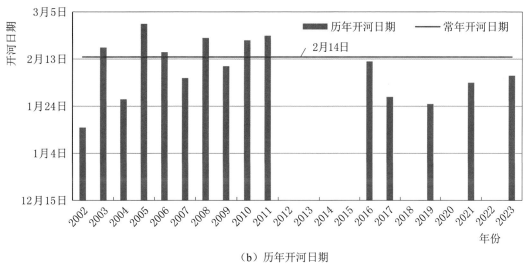

（b）历年开河日期

图9-3　黄河下游河段封、开河日期对比

（二）冰情特征值

2022年度黄河宁蒙河段水文站冰厚及冰期水位统计值见表9-2，图9-4为黄河宁蒙河段冰厚监测现场情况。

表9-2　　　　　　　黄河宁蒙河段各水文站冰厚、冰期水位统计

站名	最大冰厚/cm	出现日期	冰期水位/m	2021年度		近5年		常年	
				最大冰厚/cm	增减量/cm	平均冰厚/cm	增减量/cm	平均冰厚/cm	增减量/cm
石嘴山						24.3		36.3	
巴彦高勒	58	2023-02-06	1051.12	46	12	50.4	7.6	63.6	-5.6
三湖河口	49	2023-01-26	1017.77	51	-2	57.4	-8.4	60.6	-11.6
包头	60	2023-02-01	1002.92	52	8	58.6	1.4	59.1	0.9
头道拐	56	2023-01-26	988.16	56	0	68.8	-12.8	61.1	-5.1

注：冰期水位为各站最大冰厚当日8时冰期水位，常年均值时段除包头站为2014—2020年外，其他均为1971—2020年。

图 9-4　2022 年度黄河宁蒙河段冰厚监测现场

三、黑龙江冰情

2022 年度，黑龙江整个凌汛期凌情形势平稳，未出现明显凌汛险情。黑龙江干流洛古河站于 2022 年 11 月 17 日封江，较常年（1956—2020 年）偏晚 8d，2023 年 4 月 30 日开江，较常年偏晚 3d，封江至开江总历时 165d；嫩江江桥站于 2022 年 11 月 24 日封江，较常年（1956—2020 年）偏晚 13d，2023 年 3 月 27 日开江，较常年偏早 6d，封江至开江总历时 124d；第二松花江松花江站于 2022 年 12 月 7 日封江，较常年（1968—2020 年）偏晚 6d，2023 年 3 月 12 日开江，较常年偏早 13d，封江至开江总历时 96d；松花江哈尔滨站于 2022 年 11 月 28 日封江，较常年（1955—2020 年）偏晚 5d，2023 年 4 月 1 日开江，较常年偏早 7d，封江至开江总历时 125d。

（一）封开河情况

2022 年度气温整体偏高，黑龙江封开江整体呈现封江偏晚、开江偏早的特点，各站首封日期对比常年封江日期偏晚 5～13d，黑龙江支流各站开江日期对比常年开江日期偏早 6～13d，干流洛古河站开江日期对比常年开江日期偏晚 3d。松花江开江水位较常年偏低，黑龙江干流开江江段水位较常年偏高。

2022 年度黑龙江流域各水文站冬季首封日期、春季开江日期，常年封江日期、常年开江日期统计见表 9-3。

表 9-3　　　　　　　　黑龙江流域各水文站封、开江日期统计

封、开江日期	洛古河	江桥	松花江	哈尔滨
封江日期	2022-11-17	2022-11-24	2022-12-07	2022-11-28
开江日期	2023-04-30	2023-03-27	2023-03-12	2023-04-01
常年封江日期/（月-日）	11-09	11-11	12-01	11-23
常年开江日期/（月-日）	04-27	04-02	03-25	04-08

注：常年平均指建站至 2020 年均值。

哈尔滨水文站历年封江、开江日期，常年封江、开江日期见图 9-5。

（a）历年封河日期

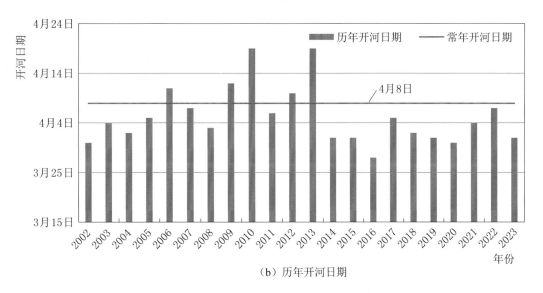

（b）历年开河日期

图 9-5　哈尔滨水文站封、开河日期对比

（二）冰情特征值

2022 年度黑龙江流域各水文站冰厚及冰期水位统计见表 9-4，黑龙江干流冰厚及水位监测作业现场情况见图 9-6，黑龙江干流开江情况见图 9-7。

表 9-4　　　　　　　　　黑龙江流域各水文站冰厚、冰期水位统计

站名	最大冰厚 /cm	出现日期	冰期水位 /m	2021 年度		近 5 年		常年	
				最大冰厚 /cm	增减量 /cm	平均冰厚 /cm	增减量 /cm	平均冰厚 /cm	增减量 /cm
洛古河	130	2023-03-11	301.13	167	−37	128	2	127	3
江桥	90	2023-02-21	135.54	101	−11	94	−4	106	−16
松花江	61	2023-02-21	150.42	96	−35	81	−20	75	−14
哈尔滨	63	2023-02-26	115.86	61	2	61	2	65	−2

注：冰期水位为各站最大冰厚当日 8 时冰期水位，常年平均指建站至 2020 年均值。

图 9－6 黑龙江干流冰厚及水位监测作业现场

图 9－7 2022—2023 年度黑龙江干流开江

四、辽河冰情

2022 年度，辽河整个凌汛期凌情形势平稳，未出现明显凌汛险情。辽河福德店水文站于 2022 年 12 月 1 日封河，较常年（1956—2020 年）偏晚 2d，2023 年 3 月 12 日开河，较常年偏早 10d，封河至开河总历时 102d；沈阳站本年度未封河；巴林桥站于 2022 年 11 月 30 日封河，较常年（1956—2020 年）偏晚 6d，2023 年 3 月 22 日开河，较常年偏早 3d，封河至开河总历时 114d。

（一）封开河情况

2022 年度气温整体偏高，辽河封开河整体呈现封河偏晚、开河偏早的特点，各站首封日期对比常年封河日期偏晚 2～6d，各站开河日期对比常年开河日期偏早 3～10d。

2022 年度辽河流域各水文站冬季首封日期、春季开河日期，常年封河日期、常年开河日期统计见表 9－5。

表 9 - 5　　　　　　　　　辽河流域各水文站封、开河日期统计

封开河日期	福德店	沈阳	巴林桥
封河日期	2022 - 12 - 01	—	2022 - 11 - 30
开河日期	2023 - 03 - 12	—	2023 - 03 - 22
常年封河日期/(月-日)	11 - 29	12 - 20	11 - 24
常年开河日期/(月-日)	03 - 22	03 - 07	03 - 25

注：—表示本年度未封冻，常年平均指建站至 2020 年均值。

福德店水文站历年封河、开河日期，常年封河、开河日期见图 9 - 8。

（a）历年封河日期

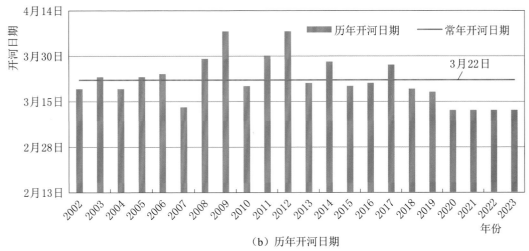

（b）历年开河日期

图 9 - 8　福德店水文站封、开河日期对比

（二）冰情特征值

2022 年度辽河流域各水文站冰厚及冰期水位统计见表 9 - 6。福德店水文站开河情况见图 9 - 9。

表 9 - 6　　　　　　　　　　　辽河流域各水文站冰厚、冰期水位统计

站名	最大冰厚/cm	出现日期	冰期水位/m	2021年度		近5年		常年	
				最大冰厚/cm	增减量/cm	平均冰厚/cm	增减量/cm	平均冰厚/cm	增减量/cm
福德店	44	2023 - 02 - 01	96.2	47	−3	47	−3	44	0
沈阳				19	−19	22	−22	29	−29

注：冰期水位为各站最大冰厚当日 8 时冰期水位，常年平均指建站至 2020 年均值。

图 9 - 9　辽河福德店水文站开河

太湖晨曦（陈甜　提供）

第十章
湖库蓄水量

一、概述

2022 年，全国大中型水库和湖泊蓄水量总体有所减少，不同区域情况存在差异。据全国统计的 753 座大型水库和 3896 座中型水库分析，年末蓄水总量为 4180.7 亿 m^3，比年初蓄水总量减少 406.2 亿 m^3，其中大型水库年末蓄水量为 3709.2 亿 m^3，比年初减少 366.3 亿 m^3；中型水库年末蓄水量为 471.5 亿 m^3，比年初减少 39.9 亿 m^3。全国常年水面面积 100 km^2 及以上且有水文监测的 76 个湖泊年末蓄水总量为 1449.9 亿 m^3，比年初蓄水总量减少 18.1 亿 m^3。

二、大中型水库蓄水量

北方区水库年末蓄水量较年初减少 61.0 亿 m^3，南方区水库年末蓄水量较年初减少 345.2 亿 m^3。珠江区、松花江区、西北诸河区、西南诸河区 4 个一级区年末蓄水量较年初分别增加 59.9 亿 m^3、46.6 亿 m^3、15.7 亿 m^3 和 1.3 亿 m^3；长江区、黄河区、淮河区、海河区、东南诸河区、辽河区 6 个一级区年末蓄水量较年初分别减少 401.3 亿 m^3、65.4 亿 m^3、34.6 亿 m^3、18.4 亿 m^3、5.1 亿 m^3、4.9 亿 m^3。

2022 年各一级区大中型水库蓄水量见表 10-1，2022 年各一级区大中型水库年蓄水变量见图 10-1。

三、湖泊蓄水量

青海湖、查干湖、太湖、华阳河湖泊群 2022 年年末蓄水量分别比年初增加 5.0 亿 m^3、3.2 亿 m^3、2.1 亿 m^3、1.4 亿 m^3；洪泽湖和巢湖分别减少 12.0 亿 m^3 和 3.6 亿 m^3。2022 年部分湖泊年初及年末蓄水量见表 10-2。

表 10－1   2022 年一级区大中型水库蓄水量

一级区	大 型 水 库				中 型 水 库				大中型水库年蓄水变量/亿 m³
	座数/座	年初蓄水量/亿 m³	年末蓄水量/亿 m³	年蓄水变量/亿 m³	座数/座	年初蓄水量/亿 m³	年末蓄水量/亿 m³	年蓄水变量/亿 m³	
全国	753	4075.6	3709.2	−366.3	3896	511.4	471.5	−39.9	−406.2
松花江区	48	227.0	273.4	46.5	199	30.2	30.3	0.2	46.6
辽河区	40	118.7	113.9	−4.7	129	17.3	17.2	−0.2	−4.9
海河区	37	126.3	110.9	−15.5	121	16.7	13.8	−2.9	−18.4
黄河区	43	433.9	370.8	−63.1	207	21.2	18.9	−2.4	−65.4
其中：上游	16	308.4	278.6	−29.8	52	5.8	5.8	−0.1	−29.9
中游	23	118.0	84.8	−33.3	130	10.9	9.2	−1.7	−35.0
下游	4	7.4	7.4	0.0	24	4.3	3.7	−0.6	−0.6
淮河区	58	101.6	74.0	−27.6	271	34.1	27.0	−7.0	−34.6
长江区	293	2028.1	1661.5	−366.6	1550	214.2	179.5	−34.7	−401.3
其中：上游	105	1132.4	968.9	−163.5	510	97.2	85.6	−11.6	−175.1
中游	169	859.1	665.8	−193.3	951	107.2	87.4	−19.7	−213.0
下游	19	36.7	26.9	−9.8	89	9.8	6.5	−3.4	−13.2
其中：太湖流域	8	3.1	2.3	−0.8	18	1.6	1.1	−0.5	−1.2
东南诸河区	50	278.0	273.7	−4.4	326	43.5	42.8	−0.7	−5.1
珠江区	125	634.6	689.4	54.8	747	82.6	87.7	5.1	59.9
西南诸河区	15	32.7	33.3	0.5	143	22.1	22.8	0.8	1.3
西北诸河区	44	94.5	108.3	13.8	203	29.6	31.5	1.9	15.7

注：由于小数位数取舍而产生的合计数据误差未作调整。

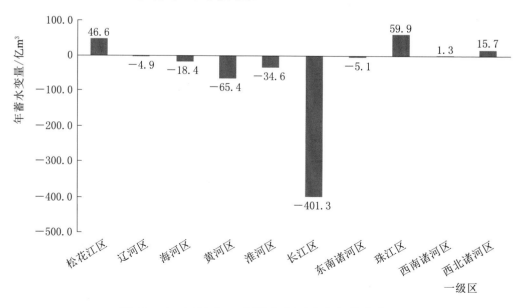

图 10－1   2022 年一级区大中型水库年蓄水变量

表 10-2　　　　　　　　　　　　　2022 年部分湖泊年初及年末蓄水量

一级区	湖泊	蓄水量/亿 m³		
		年初	年末	蓄水变量
松花江区	查干湖	7.8	11.0	3.2
淮河区	洪泽湖	36.5	24.5	−12.0
	南四湖上级湖	13.0	10.5	−2.5
	南四湖下级湖	8.1	5.1	−3.0
	高邮湖	10.7	9.3	−1.4
	骆马湖	9.6	7.1	−2.5
长江区	太湖	44.9	47.0	2.1
	巢湖	27.5	23.9	−3.6
	华阳河湖泊群	12.0	13.4	1.4
	鄱阳湖	8.4	7.3	−1.1
	洞庭湖	6.5	5.8	−0.6
	滇池	15.0	14.6	−0.4
	梁子湖	10.4	7.4	−3.0
	洪湖	5.2	5.0	−0.2
珠江区	抚仙湖	201.1	200.0	−1.1
西南诸河区	洱海	27.7	27.5	−0.2
西北诸河区	青海湖（咸水湖）	899.2	904.2	5.0

注：部分数据合计数由于小数位的取舍而产生的计算误差未作调整。

四、典型湖泊水面变化

2022 年对鄱阳湖、洞庭湖、太湖、洪泽湖、巢湖和白洋淀等 6 个典型湖泊的水面变化进行遥感监测，根据湖泊周围水文站观测数据确定水位最高和最低时间，选取相近时相的卫星遥感影像，解译水体范围并计算水面面积。对比分析遥感影像水体解译结果，6 个典型湖泊水面变化情况见表 10-3，其中，鄱阳湖、洞庭湖丰枯水面面积变幅较大，太湖、洪泽湖、巢湖、白洋淀的水面面积变化较小。6 个典型湖泊水面变化见图 10-2。

表 10-3　　　　　　　　　　　　　典型湖泊水面变化统计

湖泊	最大水面			最小水面			变化率/%
	面积/km²	水位/m	影像日期	面积/km²	水位/m	影像日期	
鄱阳湖	3186.38	17.90	2022-07-03	447.09	6.72	2022-11-02	85.97
洞庭湖	2070.46	30.40	2022-06-14	338.86	19.34	2022-11-03	83.63
太湖	2376.51	3.61	2022-03-29	2370.72	3.03	2022-01-02	0.24
洪泽湖	1406.37	13.41	2022-02-05	1233.60	11.56	2022-10-02	12.28
巢湖	780.32	9.36	2022-01-02	776.11	8.48	2022-10-23	0.54
白洋淀	120.12	8.85	2022-11-26	101.46	8.30	2022-06-19	15.53

注：表中"变化率"为湖泊最大与最小水面面积之差与最大水面面积之比。

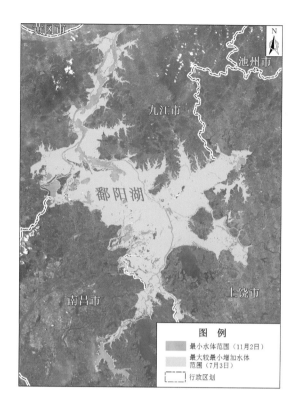

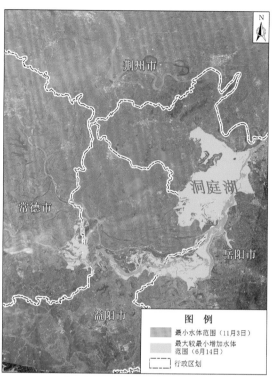

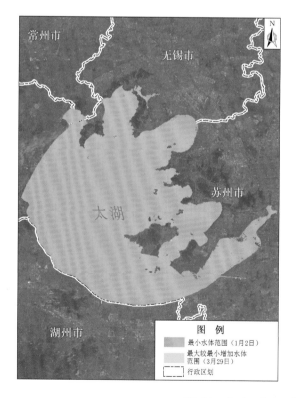

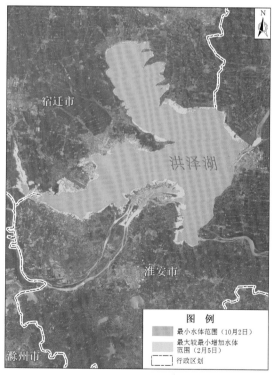

图 10-2（一）　典型湖泊水面变化

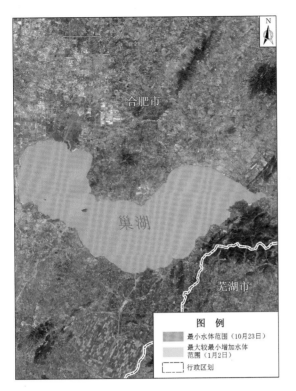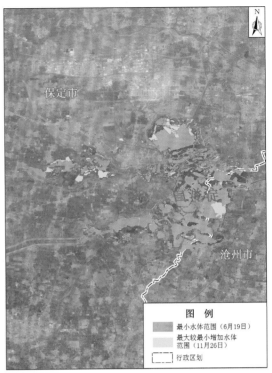

图 10-2（二）　典型湖泊水面变化

黄河贵德清（龙虎 摄）

第十一章
大事记

1. 2022年6月8日，习近平总书记在四川考察时强调，各有关地区和部门要立足于防大汛、抗大险、救大灾，提前做好各种应急准备，全面提高灾害防御能力，切实保障人民群众生命财产安全。要加强统筹协调，强化灾害隐患巡查排险，加强重要基础设施安全防护，提高降雨、台风、山洪、泥石流等预警预报水平。8月，习近平总书记在辽宁考察时强调，要坚持人民至上、生命至上，加强汛情监测，及时排查风险隐患，抓细抓实各项防汛救灾措施，妥善安置受灾群众，确保人民群众生命安全。

2. 2022年8月22—23日，水利部李国英部长深入湖南省洞庭湖城陵矶水文站、江西省鄱阳湖星子水文站等地调研。他指出，水利现代化建设，水文要先行。要进一步完善水文监测手段，加强水文现代化建设，做到"知其然、知其所以然、知其所以必然"。同时要求建立健全雨水情监测预报体系，要以延长预见期、提高精准度为目标，加快构建气象卫星和测雨雷达、雨量站、水文站组成的雨水情监测"三道防线"。

3. 2022年3月21日，水利部在北京召开水文工作会议，刘伟平副部长出席会议并讲话。会议对强化汛期洪水监测、全力做好水旱灾害防御水文测报工作，加强水文分析评价、着力做好水资源水生态服务支撑，改进测报技术手段、提升水文监测能力，健全体制机制法治、提升水文行业管理能力等重点工作进行了安排部署。

4. 2022年1月26日，经中共山东省委机构编制委员会办公室批复，山东省水文计量检定中心调整为独立建制副处级公益二类事业单位，这是山东省首家获批成立的水文专业计量技术机构。

5. 2022年1月28日，吉林省市场监督管理厅发布了《水文年鉴资料审查技术规程》（DB22/T 3356—2022）地方标准。

6. 2022年3月1日，广西壮族自治区水利厅、广西壮族自治区发展和改革委员会联合印发了《广西壮族自治区水文基础设施建设"十四五"规划》，这是首次获自治区水利厅和自治区发展改革委联合印发的广西水文五年专项规划。

7. 2022年3月4日，江苏省水利厅、江苏省发展和改革委员会联合印发了《江苏省"十四五"水文发展规划》，这是首次获省水利厅和省发展改革委联合审批的江苏水文五年规划。

8. 2022年3月23日，浙江省水利厅印发了《浙江省水文情报预报管理办法》。

9. 2022年3月25日，水利部印发《水文设施工程验收管理办法》《水质监测质量和安全管理办法》规范性文件。

10. 2022年3月29日，经重庆市人民政府批复，重庆市水利局印发了《重庆市水文现代化建设规划（2021—2035年）》，这是重庆直辖以来首次获得市政府批复的水文专项规划。

11. 2022年3—10月，我国主要江河共发生10次编号洪水、626条河流发生超警以上洪水，其中27条河流发生超历史实测记录洪水。北江发生1915年以来最大洪水，辽河流域发生严重暴雨洪涝，塔里木河超警旱历时长。全国水文部门加密监测雨水情，强化"四预"措施，在防御洪水中发挥了关键作用。

12. 2022年4月28日，京杭大运河实现百年来首次全线通水。海河水利委员会、黄河水利委员会和京津冀鲁水文部门投入水文监测人员677人次、各类水文监测仪器设备484台套、巡测车385辆次，对228处地表水水量监测断面、76处水质监测断面、16处水生态监测断面和1306处地下水监测站开展监测，为京杭大运河全线通水提供有力保障。

13. 2022年4月29日，水利部批准发布《水文基础设施建设及技术装备标准》（SL/T 276—2022）水利行业标准。

14. 2022年6月，天津市水务局印发《天津市洪水预警发布管理办法（试行）》。

15. 2022年7—10月，长江流域发生自1961年有完整实测资料以来最严重的气象水文干旱，中下游干流及洞庭湖、鄱阳湖出现1949年以来同期最低水位，长江口地区遭遇历史罕见咸潮侵袭。长江水利委员会、太湖流域管理局及四川、重庆、湖北、湖南、江西、安徽、江苏、上海等省（直辖市）水文部门加强墒情、低枯水流量监测和旱情预测分析，积极服务两轮"长江流域水库群抗旱保供水联合调度"专项行动，加密水量水质同步监测，实施长江口咸潮入侵应急专项监测，为保障人民群众饮水安全和秋粮作物灌溉用水需求提供了有力支撑。

16. 2022年7月8日，四川省水利厅印发《四川省水旱灾害防御预报预警管理办法（试行）》。

17. 2022年7月20日，经报四川省人民政府同意，四川省水利厅印发了《四川省水文事业发展规划（2021—2035年）》。

18. 2022年8月12日，新疆生产建设兵团水利局印发《新疆生产建设兵团水文现代化建设规划》，这是兵团首次印发的水文专项规划。

19. 2022年8月17日，联合国教科文组织政府间水文计划（UNESCO－IHP）主席余钟波教授受邀参加"科学推动联合国可持续发展目标实施"全球特别专家组第一次工作会议。

20. 2022年8月，国家地下水监测工程申报并入选"人民治水　百年功绩"治水工程。

21. 2022年9月2日，国家市场监督管理总局标准创新司根据国际标准化组织水文测验技术委员会（ISO/TC 113）第840号文件，批复同意由水利部南京水利水文自动化研究所承担国际标准化组织水文测验技术委员会仪器、设备和数据管理分委会（ISO/TC 113/SC 5）秘书处工作。

22. 2022年9月5日，四川省甘孜藏族自治州泸定县磨西镇附近发生6.8级地震，大渡河支流湾东河形成多处壅塞体。四川省水文部门加强监测、预报和预警，为处置险情提供了有力支撑。

23. 2022年9月27日，宁夏回族自治区人民政府修正发布《宁夏回族自治区实施〈中华人民共和国水文条例〉办法》。

24. 2022年10月，水利部首次编制发布2021年度《中国水文年报》。

25. 2022年10月24日，四川省市场监督管理局发布《四川省水文水资源信息采集系统质量检测与评定》（DB51/T 2951—2022）地方标准。

26. 2022年11月，陕西省水文部门刊印出版《陕西省水文手册》，这是陕西省首次编制的省级水文手册。

27. 2022年11月9日，中国水利学术大会水文分会召开，会议主题为"变化环境下的水文监测与预报"，会议围绕UNESCO－IHP第九阶段战略规划主题，探讨支撑新阶段水利高质量发展的先进水文理念、水文技术与水文对策，为UNESCO－IHP第九阶段战略规划实施提供中国智慧。

28. 2022年12月2日，四川省第十三届人民代表大会常务委员会第三十八次会议审议并通过《四川省水文条例》，这是四川省首部地方性水文法规。

29. 2022年，全国水文部门作为主要完成单位，入选大禹水利科学技术特等奖1项、一等奖3项。其中，长江水利委员会水文局"长江上游梯级水库群多目标联合调度技术""变化环境对跨境流域径流的影响及水利益共享研究"入选特等奖和一等奖。黄河水利委员会、海河水利委员会水文局"缺资料水文模拟预报的理论技术创新与应用"，太湖流域水文水资源监测中心"流域河湖治理工程水生态影响监测与评估关键技术及应用"入选一等奖。

30. 2022年，海河水利委员会组织京津冀晋水文部门在永定河贯通入海行动中加强地表水地下水监测分析，并首次建立永定河生态水量调度协同监测机制，为永定河两度实现865km河道全线通水提供技术支撑。

《中国水文年报》编委会

主　　编：刘伟平

副 主 编：仲志余　林祚顶　戴济群　蔡　阳　匡尚富

编　　委：束庆鹏　吴时强　钱　峰　许明家　王建华　程海云
　　　　　马永来　徐时进　杨建青　何力劲　宁方贵　孟庆宇

技术顾问：张建云　胡春宏　梅军亚　张留柱　钱名开　王　琪
　　　　　钱　燕　陈　宝　高　怡

《中国水文年报》编写组成员单位

水利部水文司
水利部 交通运输部 国家能源局南京水利科学研究院
水利部水文水资源监测预报中心
中国水利水电科学研究院
国际泥沙研究培训中心
各流域管理机构
各省（自治区、直辖市）水利（水务）厅（局）

《中国水文年报》主要参加单位

各流域管理机构水文局
各省（自治区、直辖市）水文（水资源）（勘测）局（中心、站）

《中国水文年报》编写组

组　　长：束庆鹏

副组长：刘九夫　匡　键　吴永祥　章树安　孙春鹏　蒋云钟
　　　　潘庆宾　刘晓波　杨　丹

成　员：蒋　蓉　潘曼曼　彭　辉　陆鹏程　刘　晋　白　葳
　　　　胡健伟　孙　龙　金喜来　陈德清　熊　明　雷成茂
　　　　柳志会　任祖春　林荷娟　谢自银　王　欢　刘宏伟
　　　　马　涛　仇亚琴　陈　吟　杜　霞　渠晓东

《中国水文年报》主要参加人员（以姓氏笔画为序）

王　旭　王卓然　孔祥意　邓晰元　付　欣　付　鹏　付利新
白花琴　冯　艳　宁　月　朱静思　刘　强　刘双林　刘吉峰
刘晓哲　孙　峰　孙永寿　芦　璐　杜兆国　李文红　李学辉
李春丽　李雪梅　杨　岚　杨　嘉　杨兴群　杨国军　吴　涛
吴　琼　吴春熠　吴玲玲　辛　龙　沈芳婷　宋淑红　张　敏
张利茹　张昌顺　陈　甜　陈　澄　陈红雨　陈秋松　邵江丽
武　佳　欧阳硕　金新芽　单　莹　赵永俊　郝春沣　夏　冬
夏沁园　钱　凤　徐　涛　黄育朵　崔　巍　琼　娜　彭安修
蒲　强　戴云峰

《中国水文年报》编辑部设在水利部　交通运输部　国家能源局南京水利科学研究院

118